宠物狗爱好者心理学

万物心理学书系

[英] 特丽莎·巴洛
Theresa Barlow

[英] 克雷格·罗伯茨
Craig Roberts

著

陈姝
译

上海教育出版社
SHANGHAI EDUCATIONAL
PUBLISHING HOUSE

布鲁塞（Bruiser，1988—2001），一只性情反复无常且冲动、爱攻击人的混血狗，它让我心生疑问，狗的行为背后的原因究竟是什么？萨拉（Zara，2006—2017），一只安静且关心人的猎狗，常常看起来更像一只猫，它给我提供了不少答案。如果有一只狗，一半表现得像布鲁塞的"有我在"那样可靠，一半表现得像萨拉的"我理解你"那样默契，我此生就有了一个完美的动物伙伴。萨拉和布鲁塞，我仍然想念你们，我希望你俩和其他完美的狗狗一样，生活在彩虹桥上。

——特丽莎·巴洛博士

　　在写这本书时，我失去了两个对我很重要的动物伙伴。一个是三岁的肯亚（Kenyan），一匹热爱生活、训练和比赛的赛马；另一个是一只叫吉格罗（Gigolo）的流浪猫，之前几年一直到访我家，直到有一晚它腿部受了重伤。它选择我家作为最后的避难所，那也是我们跟它在一起的最后一晚。

——克雷格·罗伯茨

　　人类或许难以用外在动作诉说爱意与温柔，而狗狗们摇摇尾巴就能表露心迹。

——查尔斯·达尔文

［图片来源：艾林·布罗德本特（Erin Broadbent）］

前　言

　　这本书借助人类动物学（anthrozoology）的研究，剖析人类与狗独特关系的发展历程，以及狗被驯化后面临哪些行为挑战。虽是以爱狗人士为主要受众，但本书的结构与内容同样适合动物管理、动物护理等基础课程学习者，可作为背景拓展读物。书中深入探讨了心理学中的学习理论，并将其与狗的行为关联起来，使读者可以辩证评估训犬师、动物行为顾问及当代养狗人士所用技术是否有实际效果。这本书的内容涵盖狗类进化与驯化对其发展学习能力的全方位影响，揭示这些因素如何塑造狗对人类行为的反馈机制，最终形成当下令我们珍视的人类与狗的情感羁绊。

　　这本《宠物狗爱好者心理学》融合了应用心理学

理论与两位作者的实践成果，凭借累积 40 年的经验，分析了养狗人士与其爱犬间特殊关系的成因与维系方式。其中一位作者是动物行为学专家巴洛（Theresa Barlow）博士，他获得了动物学学士学位、动物福利学硕士学位及犬类行为学博士学位，有数百例狗的异常行为的诊疗经验，对相关领域的知识体系有深入了解。在此虽无法逐一列举，但由衷感谢所有共事过的养狗人士及其爱犬，同时感激诺丁汉大学、爱丁堡大学及现属布里斯托大学的南安普敦人类动物学研究院的动物行为学教授与研究员们——你们的学术支持推进了对人类与狗之间关系的探索，特此致谢。

特别鸣谢艾林·布罗德本特为本书绘制的狗狗插画。《宠物狗爱好者心理学》是劳特利奇出版社"万物心理学"书系中的一本，该书系以简明、生动的笔触探讨大众心理学议题。作为其组成部分，这本书聚焦心理学在解析人类与狗的关系演变中所具有的独特价值，揭示了这种陪伴关系如何因适应当代爱狗人士的需求而不断变化。

第一章由巴洛博士执笔，他纵览人类与狗之间情感纽带的历史渊源，阐释科学发现与心理学进展如何重塑当代社会对狗的诸多行为的期待和标准。

第二章由心理学教授罗伯茨（Craig Roberts）执笔，他从时间维度解析人类与狗的关系对人类身心的影响：童年时养狗能培养同理心与责任感，但在这一阶段如果有虐狗行为，就可能预示未来会有心理健康风险；在成年至老年阶段，养狗可以缓解抑郁、焦虑情绪，减少孤独感，甚至能调节血压等生理指标，有利于身心健康。鉴于特殊的人狗联结与狗行为研究的突破，本章还将探讨在保障动物福祉的前提下如何训练狗学会检测疾病（如糖尿病与癌症），成为专业服务犬。本章为心理学与动物行为学学生提供了批判性研究视角。

第三章由巴洛博士执笔，分析了狗的交流系统：如果养狗人士能理解爱犬与其他狗及其他人交流时的微妙信号，就将大大提高互动的质量。

第四章承接第一章先天和后天因素的讨论，以及第三章中提及的选择性繁殖导致的交流问题，由罗伯茨教授以家犬为案例，解释为何动物行为学知识与狗的种间或种内交流机制共同植根于心理学的学习理论。本章最终论证，所谓"狗语者"并无科学依据——只要掌握动物交流原理与学习理论，每位主人都能成为爱犬的专属"解语者"。

在第五、第六章，两位作者借助典型案例，将学习理论与问题行为矫治结合在一起。在充分论证狗的行为优势后，后续章节以具体案例分析狗的行为障碍的成因诊断与治疗方案，涵盖药物干预、重新安置及安乐死等伦理考量。

第七章明确指出，这本书虽然不是狗的行为研究的终极指南，但它可以作为养狗人士或动物行为学学生理解"有问题的汪星人"的启蒙手册。为了保障动物的福祉，本章将指导读者规避错误的处置方式，并推荐联系专业的动物行为学家做咨询。

兄弟姐妹们，我要提醒你们，不要轻易地把自己的心交给狗狗保管，它一不小心就会把这颗心撕碎。

——约瑟夫·鲁德亚德·吉卜林 [1]

（图片来源：艾林·布罗德本特）

---

[1] 约瑟夫·鲁德亚德·吉卜林（Joseph Rudyard Kipling，1865—1936），英国记者、诗人、小说家，1907 年获诺贝尔文学奖，著有《丛林之书》《吉姆》等。

目 录

前 言 001

第一章　犬类行为的新准则　001
　　人与狗之间的纽带　006
　　狗的行为发展　009
　　狗的行为失常　009

第二章　犬伴人生：主人的生命历程　012
　　童年和青少年期　012
　　对成人的影响　016
　　对老年人的影响　018
　　跨年龄证据　021
　　为什么养狗可能有益身心？　026
　　服务型犬　027

第三章　狗狗如何交流？　034

狗的感官　034

种内交流　036

种间交流　042

选择性育种和犬类交流　043

第四章　狗语者谬论：如何与狗互动？　045

何谓经典条件反射？　046

何谓操作性条件反射？　050

何谓社会学习理论？　054

第五章　我的狗不正常吗？　058

攻击行为如何分类？　064

什么是应激？　067

中枢神经系统与应激反应　068

回归行为本身　070

第六章　治疗和预防狗的异常行为　088

如何使用奖励和惩罚？　090

第五章案例的具体疗法与注意事项　094

预防狗的异常行为　098

家庭训练　102

第七章　如果我需要更多帮助，该怎么办？　106

延伸阅读　109

第一章　犬类行为的新准则

人类与狗的羁绊源远流长且丰富多彩。不管是过去还是现在，狗都在人类社会中扮演着多重角色，如保安、助手和陪伴者。长期密切的跨物种互动，让人类与狗的沟通系统高度发达，但误解仍频繁发生，狗和主人都会出现不恰当的攻击行为和焦虑情绪。为了维护人与狗之间的友好纽带，研究人类与动物的沟通机制（人类动物学），特别是狗行为学，对建立和谐的关系至关重要。

英国目前有 44% 的家庭拥有宠物，最受欢迎的是各种鱼，其次是狗，再次是猫。英国的宠物狗现在有约850 万只。体型是养狗者重要的考虑因素，法斗、吉娃娃等小型犬人气飙升。这背后有很多原因：生活成本上涨，购房困难，小户型住宅增多，晚育趋势，等等。养狗有很多好处，如可以培养儿童的同理心与责任感，增强家庭凝聚力，还能为年长的人提供陪伴和与社会的连接，但这么多人愿意养小型犬实际上是一种折中选择。这种需求催生了育种实验，使极端之事发生，如培育可放进茶杯里的"茶杯犬"；广告中成年玩具犬与智能手机并列，好凸显它只有"口袋尺寸"，这种宣传引发了伦理争议——它们是活生生的、会呼吸的生命，现在却被视为一种商品。

但从有趣且性情温和的健康可卡颇犬（可卡猎犬和贵宾犬杂交的品种）和拉布拉多贵宾犬（拉布拉多犬和标准型、迷你型或玩具型贵宾犬杂交的品种）来看，新杂交品种狗越来越受欢迎并不是件坏事。据说它们对容易过敏的人来说相当友好，因为它们不大会让人类产生过敏反应。

英国犬业协会[①]（UK Kennel Club）登记的数据表明，狗类繁殖市场发生巨大的变化。2013—2017 年，

[①] 英国官方犬业协会，监管狗狗展示会、赛狗会和狗类实验等各种与犬类相关的活动，致力于保障狗类健康、福利和训练。——译者注

玩具品种犬（如法国斗牛犬）的繁殖数量激增23%，而大型犬（如德国牧羊犬）减少了6%（见图1.1）。这或许并不能说明英国大型犬的繁殖数量在下降，因为据说西伯利亚哈士奇和进口的杂交狼狗这样的大型犬数量显著增加了。研究行为的科学家（动物行为学家）在质疑体形和内在生理机制的演化是否过快，毕竟从考古证据来看，狗被驯养的时间并不算长。

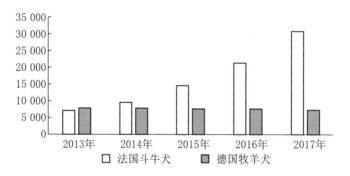

图1.1　英国犬业协会繁殖登记数据（2013—2017）

狗是前农业时代第一个被驯养的物种，查尔斯·达尔文（Charles R. Dawin）认为，所有狗都是某一个野生品种的后代。考古证据显示，狗在1.2万年前才被驯化，但是更近期的基因证据表明，狗可能是10万多年前从狼类（灰狼，学名 *Canis lupus*）中分化出来的。狗类最近的亲戚可能是灰狼、亚洲胡狼（学名 *Canis aureus*）和郊狼（学名 *Canis latrans*），从基因上看，狼和狗的基因结构非常相似。也有研究者认为狗和狼的祖先都在数千年前灭绝了，而 DNA 证据显示，相对于同狼的联系，狗类彼此之间的联系更紧密，这意味着如今狗和狼之间的基因重叠源于狗被驯养之后的杂交繁殖。

狗是如何被驯化的？这个问题并没有完全统一的答案，但主要有三种观点。第一种观点认为，野狗的幼崽被偷偷带回人类聚居地，处在哺乳期的人类母亲用乳汁喂养幼崽，因而与部落居民产生感情。第二种观点认为，野狗在村庄周围搜寻食物时被收为家养，同村民有了密切的联系（有村落女性给家养动物喂奶的照片为证）。人们鼓励野狗来村里，因为它们给人类带来不少好处，比如野狗会吃人类和动物的粪便，让聚集地变得干净不少。如果有野生动物或陌生人接近，它们会吠叫甚至吼叫来警示人类。有可能在人类需要时，野狗本身也是宝贵的肉类和皮毛来源（这在今天成了一个有争议的话题，因为很多国家有"狗肉节"这一传统，但很多人认为这不人道）。第三种观点认为，狗的驯养出现在人类选择定居生活之后，这一时期人类开始种植作物、储存谷物，发明弹弓、弓箭等狩猎工具，由此开始狩猎并且需要取回猎物。虽然这三种驯化路径可能存在时间线上的重叠或差异，但狗逐渐成为可以被训练和执行特定任务的珍贵资源。

狗的驯化经历深刻改变了它的外形与行为模式。在当代，狗的品种之所以如此多样，主要源于自然基因突变与选择性繁殖的共同作用。人类利用定向选育技术，强化或弱化狗的一些行为特征，如强化狗找回猎物和赛跑的能力，减少其自主狩猎与觅食的行为。人类甚至会纯粹出于审美或行为偏好而筛选品种，这使部分种类的狗出现功能性退化。

选择性繁殖还使一些品种狗出现健康问题。以斗牛犬为例，它的体型特征直接影响生理健康与行为健康：幼犬头部比较大，但母犬骨盆狭小，这种失衡的比例常常使斗牛犬难以自然交配繁殖；皮肤的褶皱过多，容易滋生细菌，引发感染；地包天的咬合结构会阻碍牙齿的正常发育；短鼻子会导致呼吸道阻塞，影响斗牛犬活动时的体温调节能力。短鼻子还可能引发多种眼部疾病，脊柱畸形严重时甚至会导致行动障碍和失禁，卷曲的尾巴也可能成为健康隐患。在行为健康方面，为了让一些品种狗具有某种外观特征，人类的选择性繁殖已经破坏狗的种内（同物种间）和种间（跨物种间）沟通能力。典型例子是，巴哥犬的标志性特征是尾巴非常卷，但这么卷的尾巴就没法成为巴哥犬与外界沟通的工具，这容易引发各种误会，如主人可能将巴哥犬的一些正常行为解读为异常行为，最常见的误解是，将其视为一种攻击行为。也有些品种被刻意培育，以拥有特定体型或接受训练，增强攻击性。这类缺乏伦理约束的训练与饲养模式，使这类狗作为宠物进入家庭时，会威胁人类与其他动物的安全。

人与狗之间的纽带

历史上，狗被人类选为动物伙伴可能源于，狗能将社会依恋关系转移到人类身上，还具有被人类解读为亲近、忠诚和陪伴的行为。不用拴绳或施加其他限制，狗就会主动留在主人身边，用可被准确解读的信号传递意图或自身状态。由于存在形态差异，某些品种狗的行为更容易被人类理解。例如，哈士奇等品种具备完整的生理特征来表达意图，如可转动的竖耳，能竖起的毛发与毛色，深色嘴唇与牙齿形成的对比，这些都可以传递其情绪状态。而长毛的狮子狗需要用全身动作和声音弥补被厚毛遮盖的肢体语言，因为它小巧的脸和长毛会使其发出的信号变得模糊，人类很难明白它要表达什么。

如今，狗仍然是全世界很重要的一种资源，因为它保留了多种用途，包括：

- 狩猎、牧羊、守卫和追踪。
- 宗教崇拜，比如阿兹特克人（Aztec）因为狗的象征意义而崇拜狗。此外，在中国传统星相学中，狗是十二生肖之一。在基督教中，天主教会认为圣洛克（Saint Rocco）是犬类守护神。
- 科学研究和更复杂的辅助目的、医学检测和排爆。
- 娱乐用途，比如在一些极限美容比赛中，造型师会给狗染发、做造型，让它们看起来像马、熊猫或者老虎等动物，而它们本身已完全无法被辨别。

如今狗最主要的角色还是人类的伴侣。狗需要一个一致的、可预测的社交圈，当主人不能提供这样的环境时，它就会产生行为障碍。最严重的情况下，不正常和不可接受的行为可能会威胁狗的生命，因为如果这类行为让人不能容忍，安乐死就会被视为唯一选择。不幸的是，行为的发展经常不是单个因素造成的，狗的任何行为都受它们成长过程中多种因素的影响，包括：

- 环境因素，如果狗出生在农场，它被放在城市里家养时就很难适应，会出现应激反应；
- 心理因素，例如不同的狗对压力激素水平的反应有所不同，有些狗看起来会比其他狗更放松；
- 生活和学习经验的影响，例如，学会听从"坐下"的命令后得到了奖励；
- 基因倾向，例如有些狗天生更容易无精打采或者兴奋。

狗的行为发展

行为的发展依赖关键期的学习。通常认为，4—16周龄（社会化时期）是社会化敏感期，在这段时间，狗学习生活环境中会出现什么。如果成年之后，它到了一个在社会化时期没有经历过的新环境，就可能焦虑不安，也可能出现主人认为不恰当的行为。行为咨询师最常见到的行为失常都与不好或者不充分的社会化时期养成的某种害怕或者恐惧相关（攻击行为通常被视为一种激烈的焦虑反应）。6—8周龄一般被认为是特别敏感的时期，幼犬学习将环境中的刺激当作是正常的，因而育种者认为这是把幼犬从窝里带出来，让它开始熟悉长大后要生活的环境和接触的人的最佳时期。从行为学角度来看，社会化时期至关重要，因为幼犬在这段时间没有遇到过的任何刺激，都可能造成它成年后的恐惧反应，例如，被人类粗暴对待的糟糕经历可能会使它成年后害怕人类。

狗的行为失常

有些人仅仅把狗当作陪伴自己的伙伴，并不视之为护卫或其他角色，这就更需要让狗的行为容易被他人接受。例如，现在咖啡馆会允许狗随着主人一起进店，有时会引发误解，因为狗的主人通常会把自家的狗看作类似人的成员，如果狗的行为不太符合"家庭成员"的定位，主人就会不开心。行为失常（问题）被描述成任何不符合合理人类期望的表现，包括任何会给主人、狗或者其他人造成压力和冲突的行为。但这些定义都是主观的，没有考虑哪些是正常的行为，哪些是反常的。家养狗的任何行为模式，只要被主人认为不恰当或者有问题，就可能变成行为问题。这种不满危及狗和主人的亲密情感。值得注意的是，从狗的角度看，这些行为是完全正常的。例如挖洞是狗的本能，如果在合适的地方做，像在沙滩上挖洞，主人不会有任何抱怨。可是当狗在自家的草坪上挖洞时，主人会认为这是有问题的，但这并不是异常行为。它只是一个问题，绝非某种失常。狗不受欢迎的行为由天生和后天习得的多重因素导致，这就意味着，狗的任何行为的原因、表现和解读都是不断变化的，取决于环境因素、可供使用的资源的价值和预期的奖励。行为失常包括：

- 攻击行为，可能在不同物种间或者物种内发生；

- 分离焦虑行为，例如独自在家时会啃家具；

- 训练问题，例如在室内随处排泄；

- 害怕鞭炮声等类恐惧症；

- 追尾巴等刻板行为。

最常见的行为失常是攻击行为，这个问题十分复杂，其成因与其他问题交叉在一起（此分类并非互斥或穷尽）。尽管如此，拥有一只狗经常被认为对人的身心健康有积极影响。狗能帮助儿童成长，有益于他们信心的增强和智力的发展；有些学校还会让学生给小狗读书。更多潜在的益处将会在第二章讨论。

第二章　犬伴人生：主人的生命历程

　　养狗是很多人从童年到青少年、成年乃至老年生活很重要的一部分。每个人都有自己养狗的理由，但有研究支持这些理由吗？养狗真的对每一个主人都有益吗？如果是的话，为什么不是每个人都养只狗呢？

童年和青少年期

　　2003 年，美国普渡大学的盖尔·梅尔森（Gail Melson）评估了养宠物（比如狗）对童年成长的影响的证据。

　　从幼年时期的思考能力和我们看待世界的方式的

发展来看，狗能引发孩子的好奇心。研究显示，6个月大的孩子会对宠物狗而不是电池驱动的猫狗模型微笑，并发出声音，或者想抓和追。随着年龄的增长，孩子仍然会更喜欢爱抚和亲吻狗，而不是毛绒玩具。真实的狗给孩子的刺激是"可预测的不可预测性"，这会激发好奇心。此外，当孩子在某种情境中投入感情，他们更可能记住信息并在不同场景下应用。年幼时就开始养狗，可能真的会提高孩子的认知技能。

在社交和情感发展方面，养宠物总体来说具有重要意义。在被要求说出10个生命中最重要的个体时，孩子们会留出两个位置给宠物狗或者其他动物！社会支持也会极大影响孩子的实际生活和心理生活，举个例子，家中养狗的孩子更可能跟狗诉说自己的伤心、快乐、愤怒和秘密，而不是向兄弟姐妹和父母诉说。如果直接询问孩子会跟谁讲述自己的情绪，孩子常提及宠物（比如狗）。这也就不奇怪，养狗的孩子一旦意识到一只狗需要终身被照顾，很快就会培养出照料的能力。

在身体健康方面，很多人相信养狗者不论年龄大小，都"身材更好，更健康"，因为他们需要每天遛狗。本章后续会讨论这对成年人来说是否准确，但这个结论得到有儿童参加的研究的支持吗？2016年英国利物浦大学的凯莉·韦斯特盖斯（Carri Westgarth）及其同事调查了养狗与儿童健康的关系，这是首个此类研究。参加运动联结项目（Sports Linx）① 健身趣味日的31所学校的1 000多位儿童，完成了一份有关儿童生活方式和宠物的调查问卷。项目记录了这些儿童的身高和体重，所有儿童还参加了一项健康测试（这是健身趣味日的一部分）。一般认为遛狗会对健康有益，但研究结论与之相反，养狗的人和目前没有养狗的人，其健康状态一样！研究团队只能认为，遛狗这一行为并不足以直接影响儿童的健康。

2010年克里斯托弗·欧文（Christopher Owen）发表的论文的确发现养狗对身体活动的一些影响，这篇论文是英国儿童心脏和健康研究的一部分。该研究调查了2 000多位9—10岁的儿童，其中家中养狗的儿童相对来说花更多时间在相对激烈的体育活动上，活动次数更多，走路步数也更多。研究团队很快发现，这些既可能是养狗的直接影响，也可能是因为喜欢动的人更愿意养

---

① 英国针对0—17岁儿童的健康研究。——译者注

狗，还需要更多研究来证明哪一个结论更准确。

渐进假设：童年养狗有不好的影响吗？

很多年来，人们一直在验证渐进假设（progression or graduation hypothesis），该假设试图将儿童时期显现出来的养狗的负面影响同青少年和成年之后的行为联系起来。该假设认为，虐待狗这类动物的儿童，长大后会"逐步"变得对人类具有攻击性。真有证据证明儿童对狗和其他动物的残忍行为与成年后的犯罪行为有联系吗？

2009 年，美国摩海德州立大学的苏珊·塔里切（Suzanne Tallichet）和田纳西大学的克里斯托弗·亨斯利（Christopher Hensley）最早直接研究了这种可能的联系。他们对三所监狱内的 216 名囚犯做抽样调查，包含一系列有关童年虐待动物和成年后犯罪活动的关系问题，以及一些附加问题：他们是否只伤害过动物（包括狗）？他们是否曾尝试掩盖童年时期的虐待行为，以及虐待行为会不会让他们难过？研究者还收集了测试对象实施了多少虐待行为以及从几岁开始有虐待行为等数据。分析数据之后发现，与成年之后暴力行为相关的唯一一个强预测指标是，童年的虐待行为是否曾被掩盖。也就是说，曾经虐待过动物（包括狗）但从未被发现或告诉过别人的人，最有可能在成年后出现各种暴力行为。

在这个研究之前，2007年美国丹佛大都会州立学院的比尔·亨利（Bill Henry）和谢丽尔·桑德斯（Cheryl Sanders）研究了动物虐待与欺凌的关系。共调查了185位18—48岁的男学生，要求他们回答的问题包括他们同动物（包含狗）相处的经历，是否参与虐待动物（包括频率），对待动物的态度，以及作为欺凌者或受害者他们有何体验。总体来说，那些既是欺凌者又是受害者的人会多次虐待动物，对虐待动物最不以为然。应该注意的是，同样的变量与只参与过一次动物虐待行为的男学生并不相关。这一结果强调，家长和监护人要密切注意孩子在家是如何同宠物狗互动的，因为任何虐待的迹象都可能是欺凌的信号，不论是成为受害者还是欺凌者。

对成人的影响

之前我们已经看到，根据一系列衡量标准，养狗的儿童并没有表现出健康优势。成年人也是如此吗？

2009 年，日本早稻田大学的冈浩一郎（Koichiro Oka）和柴田亚衣（Ai Shibata）研究了养狗同日本成年人的与健康相关体能活动的关联。研究使用了一系列调查问卷，有 5 000 多名参与者在网上完成问卷，问卷内容包含体能活动、养宠状态（用于确定宠物的类型）和一系列人口统计学信息（如性别、婚姻状态、收入）。研究者根据问卷数据可以了解日本成年人的中等或剧烈运动、行走量和久坐行为等。结果如下：

- 同养其他动物的人和目前没有宠物的人相比，养狗者中有更多人进行中等程度或剧烈的身体活动；
- 在行走和久坐方面，养狗者的数据比没有宠物的人更好；
- 养狗者达到日本最低身体活动推荐标准的可能性，是养其他宠物或没有宠物者的 1.5 倍。

这些结果与调查儿童时得出的结论不同，看来，养狗给成年人带来有益的健康行为。

对老年人的影响

很多关于养狗及其潜在健康益处的早期研究的确都关注老年人，但它们更倾向于讨论狗会对生活在养老院或居家护理环境中的老年人有何影响，养狗者一般需要打理很多事情，如遛狗、看兽医、喂狗、清洁，而这类老年人无需如此做，但研究发现，狗仍然可以陪伴他们，缓解孤独感。当研究开始转向社区自主养老群体时，结果就复杂了。我在瑞士、捷克和苏格兰发表的大规模研究清楚地显示，养狗和不养狗的人在一系列心理和生理健康指标上存在差别，比如孤独感、整体健康状况和抑郁感。当我们开始全面分析一系列因素（包括养狗的状态、性别、婚姻状态和年龄等人口统计学数据，以及得到的社交支持）对身体和心理健康的影响时，得到的结果又有所不同：拥有一只狗确实对老年人有益，但必须满足一定条件，如独居或与朋友、家人甚少联系，这类老年人从养狗这件事上获益良多。如果一个人的社交网络相当丰富，养狗的影响就微乎其微。

罗兰德·索普（Roland Thorpe）和一组研究者在美国成立了健康、衰老和身体成分研究组（Health,

Aging and Body Composition Study Group），考察了已在儿童和成年人身上研究过的事情，即养狗和散步有何关联。他们调查了2 500多位71—82岁的老年人，衡量了一系列因素，包括散步行为、活动性、健康变量和人口统计学因素，得出如下结论：

- 比起不遛狗的人，遛狗者更容易达成每周150分钟的建议散步时间；
- 不养狗但每周至少散步3次的人亦如此；
- 遛狗者容易走得更快；
- 三年后，遛狗者达到每周150分钟散步时间的概率是其他参与调查者的2倍。

可以发现，养狗且遛狗的人比不养狗或虽养狗但不遛狗的人，走路的时间更长。对于想要多活动的老年人，加入遛狗队伍是个不错的选择！

2013年，威斯康星大学金伯利·格雷特贝克（Kimberlee Gretebeck）的研究进一步支持了上述结论。超过1 000位成年人参与了体能活动和身体状况的机能测量，再次发现遛狗者走动时间更长，散步次数更多，身体活动也更多，身体机能更佳。总体来说，遛狗对老年人更有意义，对年轻人来说则无所谓。

老年人遛狗是否还有心理益处？我们已经验证了遛狗对健康的影响，而在外遇见其他遛狗的人，会不会开启新的社交？这一领域的早期研究是加利福尼亚大学的约翰·罗杰斯（John Rogers）完成的。研究中，养狗者被要求完成两次散步：一次带着狗散步，一次独自散步。分析这个过程中所有聊天记录后发现，大多数有狗在场的对话内容都是主人给狗下命令，或者谈论狗有什么样的愿望和需求。路过的人也会经常讨论这只狗，即使它并不在场。养狗者之间的对话经常关注当下，不养狗的人则更多地回忆过去。部分参与研究的老年人还完成了一系列心理健康评估，结果显示正在养狗的人对自己的身体、情绪和社交状况明显更满意。这仅仅是因为他们同狗一起外出散步，还同别人闲谈吗？看起来真有可能是这个原因。

最后，英国朴次茅斯大学的萨拉·莱特（Sarah Knight）和维多利亚·爱德华兹（Victoria Edwards）在2008年研究了养狗对老年人生理、社交和（或）心理的益处。他们设立了焦点小组（总共10人），观察养狗者是否对养狗可能的益处有类似想法。参与者的平均年龄为 60 岁，男女比例为 1:3，超过 80% 的养狗者一生都在养狗。分析所有的聊天记录，能看出一些同预想的养狗益处相关的常见主题，包括：

- 预想的生理益处：所有参与者都说，养狗对他们的身体健康有好处（通过遛狗）。
- 预想的心理益处：包括给予陪伴、安慰和无条件的爱。
- 狗作为家庭成员：将狗视为家人，与其他人平起平坐。
- 狗作为心理治疗师：包括向狗倾诉心事和被安慰；
- 狗带来安全感和保护；
- 预想的社交益处：包括外出遛狗时与志同道合者的互动。

跨年龄证据

跨年龄证据指研究中抽样调查了各个年龄段的人，

所以无法指明该研究定位于人生发展的哪一阶段。

有一项关于养狗对抑郁症的影响的研究，由美国密苏里大学的克里斯塔·克莱恩（Krista Cline）完成并于 2010 年发表。她抽样调查了 201 名参与者，观察养狗对减少抑郁情绪的作用。参与者的年龄为 19—94 岁，他们完成了一系列调查问卷，被用于评估以下内容：

- 抑郁程度；
- 养狗状态；
- 社交支持满意度；
- 体能活动；
- 基本人口资料。

虽然她总结说养狗本身并不会直接影响抑郁状态，但她有以下发现：

- 养狗和抑郁状态之间的关系同一个人拥有多少社交支持毫无联系。
- 养狗和抑郁状态之间的关系同体能活动亦无

关联。

- 养狗和婚姻状态相互影响。也就是说,对于减少抑郁情绪,单身人士养狗的获益远大于已婚人士。
- 同样的相互影响存在于养狗和性别之间:养狗对女性的积极影响大于对男性的影响。

看起来,养狗对有抑郁情绪的单身女性帮助最大。

从本章可以看出,一个经常被研究的问题是,养狗是否意味着会走更多路?加拿大维多利亚大学的谢恩·布朗(Shane Brown)和雷恩·罗德(Ryan Rhodes)在 2006 年用一个年龄跨度较大的样本研究了这一关联。他们随机抽取 20—80 岁的参与者完成关于走路、一般身体运动、养狗(包括作为主人的责任)和基本人口资料的调查,该调查的主要结果有:

- 养狗的人比不养狗的人花在轻度和中度身体运动上的时间更长;
- 养狗的人平均每周走路 300 分钟,而不养狗的人为 168 分钟;

- 责任感更强的养狗的人（觉得自己需要遛狗），无疑更经常走路。

他们总结说，对于愿意承担养狗责任的人，养狗是让因各类原因急需增加身体活动的人动起来的一个"可行策略"。

最后，有没有一些狗或者主人的特征会影响两者的关系？2014年丹麦哥本哈根大学的伊本·梅耶（Iben Meyer）和伯恩·福克曼（Björn Forkman）验证了这一想法。420多位来自丹麦的养狗者完成了在线调查问卷，问卷包含两部分：

- 关于养狗者和狗的一般性问题；
- 《莫那什养狗者关系量表》（The Monash Dog Owner Relationship Scale，简称MDORS），对狗及其主人的关系进行成本效益分析。

所有养狗者之前都参加过"丹麦狗心理状态评估"（Danish Dog Mentality Assessment，简称DDMA）项目。在线调查问卷的结果可以同每只参与该项目的狗配对关联起来。

调查使用数据分析方法将狗根据相似行为分类，"狗的性格特征"分为五类：

- 喜欢追逐：追逐和抓东西。
- 与社交无关的恐惧：躲避突然出现的物品，或者因金属噪声受惊。
- 爱玩：抓咬东西和玩拔河游戏。
- 社交恐惧：有逃避行为和攻击行为。
- 爱交际：固定的打招呼反应，合作和相处没问题。

"狗的性格特征"中唯一会影响《莫那什养狗者关系量表》分数的是"社交恐惧"。也就是说，如果某只狗在"丹麦狗心理状态评估"中显示出这种特征，其主人"更可能在情感上与其更亲近"。狗的其他性格特征并不能预测该量表的分数，但在研究养狗者的性格特征时，有两个主要因素显现出来：

- 没有孩子的养狗者同他们的狗情感上更亲近；

- 如果狗只被当作宠物而非"家人"，其主人同狗情感上就不会很亲近。

看起来不同的主人和狗的特征会影响两者的情感联系。希望能有更多的研究揭示其他能影响狗与主人关系的益处的变量。

为什么养狗可能有益身心?

学术圈一直在争论"为什么养狗可能有益身心?"，主要有三种观点：

- 养狗直接影响健康。也就是说，养狗直接有益身心。
- 养狗间接影响健康。养狗增加了同其他人接触的机会，这反过来对身心健康有益。比如，同家人一起外出遛狗或者在遛狗时同孩子交流。
- 养狗与健康之间有着非因果性的关系。年龄、个性或者健康状况会影响一个人养狗的决定，从而构建养狗与身心健康之间的"假联系"。

在阅读养狗与身心健康之间关联的研究时，可以试着分析这些结果支持哪个观点。

服务型犬

在各种治疗中使用狗，已有多年历史，如医院和养老院的动物辅助治疗犬、导盲犬、缉毒犬，还有协助排爆的警犬。关于这些狗的福祉问题的辩论超出本书讨论的范围，这里仅关注两种当代方式，即用狗来监测糖尿病和癌症。

2013年，妮可拉·鲁尼（Nicola Rooney）及其同事发表了一项研究结果，声称"受过训练的糖尿病预警犬"能帮助1型糖尿病患者。该研究一共有19位参与者，其中11位拥有完成全部训练且有"医疗监测狗"资质的预警犬，另外8位拥有尚在接受高级训练的预警犬。训练内容包括监测气味和奖励机制。所有参与者都接受了约90分钟的访谈，留下他们各自同预警犬的相处经历和互动信息。17位完成研究的参与者称，血糖高和血糖低的时候预警犬都提醒了他们（数据由主人记录）。在完成全部研究流程的预警犬中，有8只会在主人的血糖超过应有水平时，比平常更频繁地提醒主人。但研究并未说明具体预警行为是什么，我们无法判断其主人是否仅对社交接触或特定行为作出反应。此外，研究没有评估预警犬给予主人的社会支持，有没有可能是因为参与者获得某种"新支持"，变得更在意血糖水平呢？研究没有对照组，所以我们不知道是不是仅仅"参加了研究"就带来"事情会变得更好"的期待，使参与者更注意监测自己的血糖水平。

同样在2013年，来自美国俄勒冈州波特兰各医学机构的凯尔·德林格（Ky Dehlinger）及其同事，在研究中使用了3只已接受过训练，能对主人的低血糖症作出反应的预警犬，观察它们能否监测3位不熟悉的1型糖尿病患者身上的"低血糖气味"，这些预警犬接受的训练是，在监测到低血糖症发作后按铃。3位患者使用无菌棉签从双臂上取样——在低血糖时和正常血糖时各取两次，让每只预警犬闻取样棉签30—45秒。正确监测比例见表2.1。

表 2.1　3 只预警犬识别低血糖患者取样棉签正确率

	预警犬 1	预警犬 2	预警犬 3
识别取样棉签正确率	54.2%	58.3%	50.0%

来源：Dehlinger et al. (2013). Can Trained Dogs Detect a Hypoglycemic Scent in Patients with Type 1 Diabetes? *Diabetes Care, 36*, e98—e99.

看来这 3 只预警犬监测低血糖气味不算成功。需要承认的是，样本量非常小，只有 3 位患者和 3 只预警犬，但是这 3 只预警犬之所以被选中，是因为"已知它们具备监测能力"，尽管这种能力并未在科学实验中得到证实。研究者注意到，实验中并未提到行为暗示，在质疑我们能否用预警犬监测糖尿病之前需要先考虑这一因素。此类行为暗示可能包括人低血糖时出现的异常举止，正是这种行为表现，而不是气味，让预警犬察觉可能有问题。

2017 年，琳达·A.贡德尔-弗里德里克（Linda A. Gonder-Frederick）及其在美国弗吉尼亚大学行为医学中心的同事进行了一个对照性更强的实验，检验糖尿病预警犬是否有用，因为糖尿病患者一直说，预警犬对他们在家中监测自己的异常血糖水平非常有帮助。在这个研究中，14 位参与者已拥有预警犬（都是拉布拉多猎犬）

至少 6 个月，几周内他们都完成以下任务：

- 持续使用血糖检测仪；
- 记下预警犬给出的任何"警告"。

每只预警犬都会根据它们监测异常血糖水平的有效性得到敏感度分数。表 2.2 展示了预警犬监测主人醒时和夜间异常血糖水平的敏感度分数。

表 2.2　14 位参与者的预警犬监测异常血糖水平的敏感度

	醒时低血糖	醒时高血糖	睡时低血糖	睡时高血糖
敏感度分数	35.9%	26.2%	22.2%	8.4%

来源：Gonder-Frederick, L. A., Grabman, J. H., & Shepard, J. A. (2017). Diabetes Alert Dogs (DADs): An assessment of accuracy & implications. *Diabetes Research and Clinical Practice, 134*, 121—130.

对比德林格的发现，这一研究团队认为，大多数预警犬"未能展现准确监测异常血糖状况的能力"。但预警犬也千差万别，3/14 的预警犬在日间表现更好，1/11 的预警犬在夜间表现更好。研究团队写到，在有对照的状况下得到的不大充分的发现和诸多预警犬看起来能日常帮助糖尿病患者的故事之间存在分歧，弥补这一分歧需要有更多对预警犬的系统性研究。

糖尿病预警犬的对照实验未能如最初所愿得出激动人心的结果，但监测癌症的研究做到了。

2006 年，迈克·麦卡洛克（Michael McCulloch）和来自波兰科学院的团队测试了用狗监测早期和晚期肺癌及乳腺癌的准确率。他们用奖励方式训练 5 只家养狗从呼吸样本中找出患乳腺癌或肺癌的人。如果狗监测到癌症信号，它们被训练要在该人身边躺下或坐下。一旦训练完成，所有的狗都使用未参与训练阶段的癌症患者（和对照组）的呼吸样本来测试，所有的敏感度（正确辨认患者）和特异性（正确辨认非患者）分数都被计算在内（见表 2.3）。

表 2.3　狗监测早期和晚期肺癌和乳腺癌信号的准确率

	肺癌敏感度	肺癌特异性	乳腺癌敏感度	乳腺癌特异性
正确比例	99%	99%	88%	98%

来源：McCulloch, M. et al. (2006). Diagnostic Accuracy of Canine Scent Detection in Early- and Late-Stage Lung and Breast Cancers. *Integrative Cancer Therapies, 5*(1), 30—39.

狗对样本中癌症各个阶段的监测正确率，都令人印象深刻。

2011 年，巴黎大学的让-尼古拉·科尔尼（Jean-Nicolas Cornu）及其同事训练了一只比利时马林诺斯犬（Belgian Malinois），用来监测患前列腺癌的男性尿液中的气味。训练花了 24 个月完成，之后他们找了 66 位患者测试这只狗的监测能力，其中 33 位身患癌症，另外 33 位的活组织检查结果为阴性。这只狗每次都会面对 6 个样本，其中只有 1 个样本来自患前列腺癌的男性，另外 5 个样本来自随意选择的对照组。这只狗找出 33 位患者中的 30 位，其中 1 位"不正确分类"重新进行前列腺癌测试并确诊。总体敏感度和特异性分数是 91%。

2012 年德国斯图加特大学的埃曼（Ehman）及其同事对患者的呼吸中是否存在关于肺癌的"可监测的信号"感兴趣。电子检测仪要求患者在检查前不能抽烟和禁食，这颇具局限性且耗时较长。

4 只家养狗接受了从呼吸样本中监测肺癌的训练。在测试阶段，狗接触了来自肺癌患者、慢性阻塞性肺病患者或健康对照组参与者的呼吸样本。这样做的原因有二：也许在之前的实验中，狗只需要分辨"健康和不健康"的呼吸样本之间的区别；如果狗可以发现两个"不健康"组别之间的差异，也许可以说，肺癌患者的呼吸中确实存在某种不稳定的混合物，可以用作早期诊断筛选的依据。

这项研究得到的总体敏感度（正确分辨癌症）分数是 71%，特异性（正确分辨非癌症）分数是 91%。这让研究团队得出结论，肺癌患者的呼吸中存在着一种狗能嗅出来的混合物。

总体而言，当狗的主人被问到和狗的关系以及养狗的益处时，他们能列出一大堆理由，但当我们进行系统性考察时会发现，它们只是某种信念。我们需要问自己：养狗真能提振身心、增加社交和幸福感吗？抑或只是那些心理调适得当、积极运动并拥有良好社交网络的人选择了养狗？这又是一个"先有鸡还是先有蛋"的问题，或者我们可以说，先有宠物狗还是先有主人？让我们多看一些研究再作判断。

第三章　狗狗如何交流？

　　当狗的主人能理解狗狗之间、狗与主人之间交流的细微之处时，这种理解就能改进狗与主人之间的关系。狗通过听觉（如叫声）、嗅觉（如闻身体部位）和视觉（如露出牙齿）线索进行种间（不同物种间）和种内（同一物种内部）的交流。

狗的感官

　　狗的听觉被认为是仅次于嗅觉的第二发达感官。它们能听到远超人类听觉范围的声音频率，如超声波。常用的狗哨能发出 20000—50000 赫兹的声音。狗的听觉范围为10000—50000赫兹，而人类仅为16000—20000赫兹。当听到主人无法察觉的声音时，有些狗会"无缘无故"叫起来。主人因而深感困惑，不知如何处理，可能会试着命令自家狗安静下来。主人也可能认为自家狗在胡闹，但事实恰恰相反——狗是在试图保护领地不被外来者侵犯。

狗的听觉距离是人类的4倍，耳朵的活动性也使它们能更精准地辨别声音的性质和来源。狗拥有超过15块肌肉用来控制耳朵的活动，而人类仅有6块。狗还能区分对人类而言相同的声音，如主人汽车的声响（可分辨不同品牌和车型的汽车）以及主人的口哨声。据说，有些狗在地震发生前会有预感，专家推测，这与狗能探测到来自地底的高频声音或土壤振动有关。

狗的嗅觉被认为比人类更敏锐。狗的鼻子中约有2亿个嗅觉感受器，这使其嗅觉能力远超人类。狗的鼻子越长，嗅觉感受器越多，嗅觉就越灵敏。像比格犬和寻血猎犬这种嗅觉最敏锐的品种，有时被称为"嗅觉猎犬"，它们的长鼻中有一套复杂的组织、黏液和嗅觉感受器网络，使它们能识别各种气味。这种鼻子可以增强嗅觉能力，其湿润的表面能够吸引并固定气味分子，之后这些分子通过鼻孔进入鼻腔。嗅闻动作能搅动气味颗粒，使狗可以吸入它们。每个鼻孔角落的缝隙通过扩张增加空气流通，从而增强气味的浓度。

人类的视力优于狗，尤其是在观察小物体时。但因为眼睛位置不同，狗能察觉背后的活动，视野范围比人类广。狗对运动的感知能力更强，这也是它们在狩猎时能够发现猎物的关键所在。狗的视野范围取决于鼻子的大小和头骨的形状，一般来说狗的视野非常宽广。人类的视线是双眼并向前方，而狗的视线是侧向分布的。狗还有夜视能力，因为它的眼睛拥有一种特殊膜层，能够接收更多光线。

种内交流

狗若想有效交流，就需要用行为明确表达自己的意图。其狼类祖先的典型特征，如尖耳和尾巴，有助于传递信号。例如，尖耳能表达意愿，耳朵前倾表示自信，后贴则表示顺从（见图3.1）。蓬松的长毛尾巴可以用来表达动机，例如，直立、蓬松的尾巴（一些品种狗的尾巴尖是白色的，这能强化信号，使其意图更清晰）表明狗正处于兴奋或警觉状态；反之，夹在双腿间的尾巴传递顺从信号（见图 3.2）。有些狗经历极端的选择性培育后，耳朵虽然保留了形态，但已失去实际功能。例如，巴吉度猎犬很难用耳朵表达自己的意图。

图 3.1

图 3.2

综合观察这些行为，应该就能明白狗从自信型攻击到恐惧型攻击的整个行为模式（见图 3.3 和图 3.4）。狗会使用同样的行为模式与其他狗和人类沟通，这也是人类和犬类相对容易适应彼此社交圈的原因之一。

狗的行为模式中的极端表现通常不会立刻显现，而是会通过渐进式攻击姿态（如以下狼狗展现出来的，见图 3.5、图 3.6、图 3.7 和图 3.8）传递信号，避免浪费精力和直接打斗。

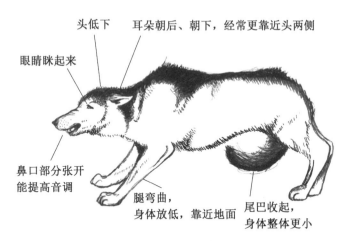

头低下　耳朵朝后、朝下，经常更靠近头两侧

眼睛眯起来

鼻口部分张开
能提高音调

腿弯曲，
身体放低，靠近地面

尾巴收起，
身体整体更小

图 3.3　顺从姿势

（来源：艾琳·布罗德本特）

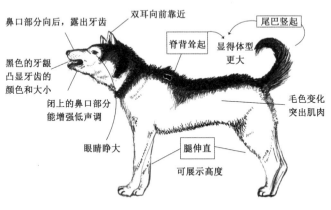

鼻口部分向后，露出牙齿　双耳向前靠近

黑色的牙龈
凸显牙齿的
颜色和大小

脊背耸起

尾巴竖起

显得体型
更大

闭上的鼻口部分
能增强低声调

眼睛睁大

腿伸直

可展示高度

毛色变化
突出肌肉

图 3.4　自信姿势

（来源：艾琳·布罗德本特）

图 3.5

图 3.6

图 3.7

图 3.8

种间交流

鉴于狗需要具备一定的生理条件才能有效沟通，狗的主人可能要反思纯粹出于审美而作出的育种选择。在选择品种时，应该更多关注狗的身心健康，而不仅仅关注其沟通能力。

人与狗之间只有相互理解和尊重各自的意愿，才能形成友好的关系。虽然狗是习惯社交的动物，但有些情况下，并不适合将狗与狗之间的交流方式和等级制度套用到人狗互动中。一个被滥用的例子是，使用"支配地位"来控制和训练不守规矩的小狗。不是只有人类花费了数千年的时间来驯养和控制狗，狗也花了数千年的时间观察人类的行为特点。因此，当我们假装成另一只狗接近某只狗（一般是想要控制它）时，我们的行为与其预期中的人类行为是不符的，它就很难真正地理解发生了什么。例如，当一只狗展现攻击性时，人类若想以更强的攻击性（如大吼或将狗按在地上）压制它，从动物福祉的角度来看是不人道的，从健康和安全的角度来说也是不负责任的。狗对这类举动的反应同样不可预测。实际上，狗的主人联系行为咨询师时，主要抱怨的就是他们的狗举止异常、出乎意料。在拜访狗的主人，观察他们如何同狗交流时，行为咨询师通常会发现，他们低估了狗领悟人类行为的能力。

选择性育种和犬类交流

要真正了解犬类行为，就需要能有效沟通，自然选择让犬类能做到这一点。但在选择性育种中，我们改变基因库的主要依据是审美。在很多情况下，这种方式不仅会影响狗的沟通能力，还会使狗出现身心健康问题。

例一：斗牛犬

生理缺陷：鼻子结构缩紧，导致鼻周皮肤过多，易患呼吸系统疾病。

行为障碍：难以完全拉回上唇，露出牙齿，表达兴奋或攻击性。

例二：腊肠犬

生理缺陷：脊柱拉长之后容易脊背受伤。

行为障碍：很难跳高，所以也更难表达兴奋。

例三：可卡犬（或垂耳狗）

生理缺陷：耳部容易感染。

行为障碍：很难摆动大耳朵来表示自信或者顺从，在同其他狗发生冲突时更难脱身。

传闻有人会给狗整容，例如在狗绝育后，为其睾丸囊植入硅胶假体，防止公狗因外观缺失而遭受心理伤害。这可能使这些狗心生困惑——它们拥有完整的生理特征，却没有与睾丸相关的气味或次级行为特征。

第四章　狗语者谬论：如何与狗互动？

　　有许多方法可以让动物学习新的行为或调整现有行为。如果理解狗的学习方式，可以发现，这一过程比使用所谓"狗语"更明确。心理学中的行为主义学派认为，所有生物的学习方式都是相同的，从鸽子、猫、老鼠到狗，各个物种都被用来验证这一理论。其中两个主要概念是经典条件反射（classical conditioning）与操作性条件反射（operant conditioning）。在这两个概念中，学习者都具有主动性，扮演了较积极的角色。还有第三种观点，被称为"社会学习"（social learning）理论，其中学习者扮演的角色更被动，因为他们并未直接参与学习过程。

何谓经典条件反射？

一切都与通过联想学习有关。这是一种条件反射的形式，有机体（无论是人类还是动物）将无条件刺激（unconditional stimulus）与中性刺激（neutral stimulus）联系起来。在多次关联后，在未出现无条件刺激的情况下，有机体也会对中性刺激［现在称为"条件刺激"（conditioned stimulus）］作出反应。

伊万·巴甫洛夫（Ivan Pavlov）提出了经典条件反射理论，但他的研究对象不是人类，而是狗。在研究狗的消化系统时，他注意到无论是在喂食之前还是喂食者恰好经过时，一些狗在看到喂食者时都会有特定反应（如叫起来）。巴甫洛夫认为，这些狗已经将喂食者与食物联系在一起。他设计了一个简单的实验来验证自己的想法。

巴甫洛夫知道狗在闻到肉末味时会分泌唾液，每次给狗肉末时，他都会启动一个节拍器（一种以固定间隔发出滴答声的装置）。他重复了数次，然后在没有肉末出现时也单独启动节拍器，结果发现，每只狗仍然分泌了唾液。用这种方式，他成功地对狗做了经典条件反射训练。图 4.1 简要展示了巴甫洛夫的实验过程。

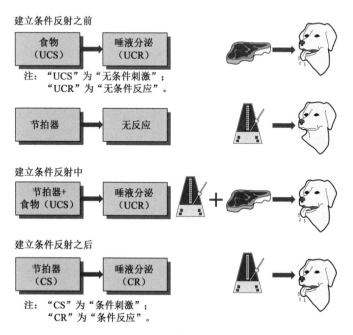

建立条件反射之前

| 食物
（UCS） | ➡ | 唾液分泌
（UCR） |

注："UCS"为"无条件刺激"；
　　"UCR"为"无条件反应"。

| 节拍器 | ➡ | 无反应 |

建立条件反射中

| 节拍器+
食物（UCS） | ➡ | 唾液分泌
（UCR） |

建立条件反射之后

| 节拍器
（CS） | ➡ | 唾液分泌
（CR） |

注："CS"为"条件刺激"；
　　"CR"为"条件反应"。

图 4.1　经典条件反射

这类习得行为很容易在狗身上看到。例如，你有没有这样的经历：你把狗粮放在柜子里，当你一打开柜门，狗就会跑过来，虽然你并不是要喂它们。你的狗的行为很容易用经典条件反射来解释。回顾一下巴甫洛夫的实验图解，只要用"打开柜门"替代"节拍器"，用

"狗粮"替代"肉末"就能明白了。虽然可能并未意识到，但你已经给你的狗建立了经典条件反射。

同经典条件反射相关的其他重要术语

泛化（generalisation）：当我们对一个与条件刺激相似但不完全相同的刺激产生条件反应时，就会发生泛化。例如，一只狗害怕胡蜂，这种害怕可能会泛化，它也开始害怕其他飞行的昆虫，如蜜蜂和大黄蜂。

消退（extinction）：当条件刺激不再引发条件反应时，就会发生消退。这可能是因为条件刺激不再与无条件刺激配对出现。例如，随着时间推移，这只狗在胡蜂（条件刺激）出现时不再害怕，这种条件反应就慢慢消失了。

自然恢复（spontaneous recovery）：这发生在消退之后。在条件刺激出现时，条件反应突然间再次出现。仍以害怕胡蜂的狗为例，在消退发生后的数月内，这只狗都不再害怕胡蜂，但有一天当它看到一只胡蜂时，又显得非常害怕。

很多时候，很难评估和确定最初的生物学上的无条件刺激和无条件反应之间的联系是什么，因为其中发生了某种高级条件反射（有时称为"第二级反射"），即一个条件刺激与另一个中性刺激建立了关联。

举个例子，常能从狗身上看到的行为是，每当你命令狗"散步"，狗就会兴奋，但为什么会这样？这很容易用高级条件反射来解释。图 4.2 对此做了详解。

口令"散步"（中性刺激）

捡起绳子（条件刺激）→兴奋（条件反应）

口令"散步"+捡起绳子→兴奋

口令"散步"（新条件刺激）→兴奋

图 4.2

先前的中性刺激口令"散步"已经同条件刺激"捡起绳子"联系在一起，反复关联很快让"散步"亦成为一个条件刺激。狗之后会将这种反应泛化到其他与"散步"长度相似、语调相同的词语上，如狗的名字"托比"（Toby）或者用来称呼零食的词，如"点心"（treaties）。就这样，你已经通过经典条件反射训练了狗的行为。

何谓操作性条件反射?

这是从后果中学习。它是一种条件反射的形式:一个有机体(人或者动物)因为强化(奖励)或者惩罚而被塑造。

爱德华·桑代克(Edward Thorndike)是率先研究从后果中学习的科学家之一。他注意到猫使用这个技巧能学得飞快。他把饿着的猫放在一个谜箱中(见图4.3),外面放着食物。箱子的设计是,如果猫拽箱子里的一根绳,就能解开一个搭扣,门会通过一个杠杆机制被打开,它就能出去吃到食物。

第一次实验时,猫花了很长时间才逃出去。它在箱子里转来转去,碰巧扯到绳子,打开了门。猫每被放回箱子里一次,它就逃出来得更快一些。桑代克认为猫已经用试错法学会了打开门。他从研究中发现了效果律(law of effect),认为如果一个行为会带来愉快的体验,有机体就更有可能重复这种行为。如果伴随一个行为而来的是不愉快的体验,有机体重复该行为的可能性就会变小。

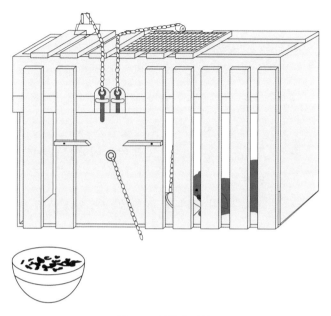

图 4.3　桑代克谜箱

　　伯尔赫斯·F.斯金纳（Burrhus F. Skinner）引入一系列至今仍被用于解释操作性条件反射的术语，将桑代克的观点介绍给更多的人。行为主义运动决心要让心理学更科学和可信，所以斯金纳引入"奖励（强化）"和"惩罚"的概念，因为它们比"愉悦"这样的概念更具体。他认为动物环境中能够被直接操纵和改变的因素，可以用来解释动物如何学习某种新行为和维持现有行为。

这些概念包括：

- 正强化——增加一些喜欢的东西（如奖励）来提高行为被重复的概率。
- 负强化——去除一些厌恶的东西来提高行为被重复的概率。
- 正惩罚——增加一些厌恶的东西来降低行为被重复的概率。
- 负惩罚——去除一些喜欢的东西来降低行为被重复的概率。

表4.1解释了这四种操作性条件反射机制的区别。此外，还有两种强化方式。

- 一级强化：满足直接的生理需求。给狗喂零食就是一例。
- 二级强化：对狗没有内在价值，但可以"兑换"为一级强化物，或者同一级强化物联系起来。响片训练（通过关联形成）就是一例。

表 4.1　四种操作性条件反射机制

	正 （定义为增加一些东西）	负 （定义为减少一些东西）
强化 （定义为提高行为 被重复的概率）	正 + 强化 指增加一些喜欢的东西来 提高行为被重复的概率	负 + 强化 指去除一些厌恶的东西来 提高行为被重复的概率
惩罚 （定义为降低行为 被重复的概率）	正 + 惩罚 指增加一些厌恶的东西来 降低行为被重复的概率	负 + 惩罚 指去除一些喜欢的东西来 降低行为被重复的概率

训练狗时，我们能轻易区分奖励和惩罚吗？

奖励或惩罚之间的界限可能非常微妙。这听来有点奇怪，因为我们认为自己知道何时在奖励或惩罚自己的狗。不是吗？

主人会很高兴地同狗聊天，说它表现得很好，例如当它坐在狗床上时，主人会和它"握爪"或说它"乖"。但狗也可能跳上沙发，而我们不希望它这样，我们就会对它说："噢，你真调皮，是不是？"然后挠一下它。我们认为自己已经惩罚了狗，但事实上我们是用关注奖励了这种行为。狗是社交型动物，关注会成为一种强有力的行为强化方式。

何谓社会学习理论?

社会学习是指通过观察和模仿学习。在这种学习机制中，实际的学习者在过程中扮演更被动的角色。他们可以"仅仅"观察其他人的行为，根据看到的结果，决定是否重复看到的行为。换句话说，你可以看到别人犯错，不必"亲身经历"就知道不要模仿某个行为。相反，即便你没有"亲身经历"，也可以因为看到别人的积极行为而决定模仿他。

基本的社会学习理论遵循以下四个主要步骤：

- 注意（attention）：观察者会注意到榜样行为。这种行为可能出自地位或者信誉更高者，甚至如我们所见，可能出自另一个物种！榜样必须具备某种在观察者看来有吸引力的特质，既可以是榜样（如主人）身上的某个特点，也可以是一些常见品质，如友好。据说同性榜样对观察者来说可能具有更多有意义的特质。

- 保持（retention）：观察者必须将观察到的行为储存在长期记忆中，这样在之后或相关的时刻，当观察者感到他们需要重复观察到的行为时，信息才能被再次使用。

- 再现（reproduction）：观察者要自认有能力复现记忆中的行为。如果可以，他们会不计后果地尝试模仿，不断修正，直到行为一致；如果一直不成功，就会停止模仿。

- 动机（motivation）：观察者在观察过程中可能体会到替代强化。这是指当榜样因执行某种行为而获得奖励时，观察者如果目击这一过程，就会更想模仿这一行为（有动机），以尝试获得相同的奖励。此外，观察者也可能经历替代惩罚。当榜样因为某个行为被惩罚，而观察者看到了这一过程，他不大会想要模仿。

总之，这可以被视为"间接学习"（vicarious learning），因为它最初源自对他人的观察，而非亲身经历。

狗是否适用社会学习理论？

匈牙利厄特沃什·罗兰大学的克劳迪娅·富加扎

（Claudia Fugazza）和亚当·米克洛希（Ádám Miklosi）评估了一种名为"学我做"的驯狗方法。主人需要训练他们的狗做以下两个动作：

- 推开滑动门。门已经开了 5 厘米，狗需要用爪子或者口鼻推开它。
- 身体动作。研究者选择了"腾空跳"这一动作，要求狗跳起时至少要前爪离地。选择这个动作是因为，对参加研究的狗来说，这是唯一的新动作。

研究者要求主人吸引自家狗的注意力，并向它展示这两个动作怎么做。一旦展示完，就发出"做!"的指令。如果狗不重复动作，主人要自己重复一遍。主人需要让自家狗连续重复动作 5 次。在狗重复动作之后，才允许奖励它。

与接受响片训练的狗相比，在使用"学我做"方法训练的狗中，有更多只狗在 30 分钟内成功完成动作。可以认为，狗能够通过社会学习从主人那里学习行为，因为研究中它们必须注意观察主人的动作，记住信息，觉得自己有能力重现动作，然后模仿。

不同类型条件反射的例子可以在第五章和第六章读到。

第五章　我的狗不正常吗？

　　狗的主人常常会担心他们的狗是否"正常"。他们喜欢谈论自家宠物的古怪行为，但又心有顾虑，觉得这会被其他人评判。例如，也许有人会认为，狗这么古怪的话，它的主人也好不到哪里去；或者，老这么说自家狗，它的主人是不是不够包容？这个问题的关键之处是，判断一只狗是否"正常"时，需要考虑的因素有很多。准确回答这个问题，需要囊括以下方面：

- 狗的社交经历。
- 它现在待在什么样的环境中？
- 主人对它的日常行为有何期待？
- 狗的饮食、健康情况，以及它有哪些生理缺陷

（这通常来自选择性繁殖）。

- 我们此刻可用的资源是什么？
- 周围是否有其他人或动物？
- 引发"正不正常"疑问的具体环境。

如今，许多人养狗纯粹是为了陪伴，而非让狗保护自己或出于其他实用目的，这就要求狗的行为要符合大众可接受的标准。可惜误解时有发生，人们对"行为障碍""行为问题"和"不当行为"的定义仍然存在差异，将某种行为定义为"正常"或"不正常"并不是简单之事。为了更准确地描述狗的行为，可以借用心理学中的"典型"和"非典型"的概念，概括宠物狗行为谱系中更被普遍认可的行为模式。以下为相关术语的定义：

- 行为障碍：指狗的行为有生物学或医学方面的成因。
- 不当行为：所有在主人看来不合适的行为，这可能影响狗的福祉。
- 行为问题：所有可能影响狗的福祉且使主人不

满的行为。

需要注意的是，狗在族群中或自然环境中的一些行为是正常的，但只有部分主人认为这些行为可以接受。例如，扑人、骑跨人、嗅闻人体私处；对其他狗的骑跨、舔舐生殖器；挖草坪、翻找食物、过分吠叫、破坏物品等。大多数经验丰富的主人能包容自家狗的本能行为，甚至视其为乐趣。只有当某些行为让狗感到痛苦，或者主人认为这些行为对其他人或动物有威胁时，才会被视为"非典型行为"，如分离焦虑、训练问题、恐惧症、刻板行为和玩耍中的攻击行为。

分离焦虑指狗独处时表现出的一系列特定行为模式。包括破坏性啃咬、过分吠叫、挖洞、吞食异物、随地大小便，甚至在主人准备离开时攻击主人。这些行为的动机各不相同，例如：

- 过分依恋主人；
- 不习惯与其社交群体中的成员分离；
- 害怕特定刺激（如噪声），进而泛化为害怕特定情境。

训练问题可以定义为任何在不适当场合出现的正常的狗的行为,或狗不愿意按主人指令完成预期行为。训练问题包括:不接受上厕所的训练,拽狗绳,叫名字时不肯回到主人身边,等等。

恐惧症是指对某种刺激有过度或极端的恐惧反应。常见表现是,遇到特定的事件或人与物时,会哀叫、喘气、发抖、逃跑或躲藏。这种恐惧症经常由巨大的噪声引发,但也可能由其他刺激引起,如遇到不喜欢的人,看到蜜蜂或黄蜂之类讨厌的昆虫,尤其是在被蜇过后。

刻板行为是指没有明显用处的重复行为,如追自己的尾巴或捉飞虫。这种行为通常被认为是在长期压力情境下发展出的应对策略,因而被视为关乎狗的福祉。遗憾的是,这类由焦虑驱动的行为常常作为娱乐内容出现在电视节目或社交媒体上,这说明人们没有意识到,这是需要通过行为矫正来解决的严重问题。在生活中,这类行为甚至会被奖励,使狗的问题越来越严重。

攻击行为很难被定义,因为从本质上说它涉及多个因素,但所有攻击行为都有一些共同特征。狗发动攻击不一定总是为了伤害其他动物或制造痛苦,在家养犬中，攻击行为可能直接或间接地指向无生命物体。狗经常在玩耍时练习攻击行为，其意图并非毁灭，但不当的攻击行为会导致严重后果。这个问题既关乎狗的福祉，也涉及公共安全。例如，2015 年，美国 82% 的被狗咬伤的人年龄不足 9 岁；在英国，最年轻的狗咬致死案例涉及一个出生不到一周的婴儿。

会让狗的主人关注的攻击行为有数种且彼此重合，包括自信型攻击、掠食型攻击、领地型攻击、占有型攻击、保护型攻击、恐惧驱动攻击、与玩耍相关的攻击、种间／种内攻击以及习得性攻击。攻击行为通常与恐惧或自信有关，也与"战斗或逃跑"反应联系在一起。

自信型攻击可以用类比支配关系理论来解释，但这并非一种可靠的方法，因为在社交群体中，支配关系是用来确保群体稳定的，它可以防止争斗。在流浪狗群体中，所谓"阿尔法犬"或领头犬通常是雄性，但这种地位可能根据具体情况和可用资源而变化，尤其是在家庭环境中。它还会受到狗与其他物种（如人类、猫科动物和其他宠物）关系的影响。因此，在动态变化的家庭环境中套用严格的等级规则并不合理，这种规则更适合狼群或野生狗群。近年来，随着训犬类电视节目的流行，越来越多的报告指出，为了让自家狗更温顺、容易控制，主人开始热衷于使用各类控制手段，使狗一直顺从。但过分强调人类的支配地位可能使主人的行为越来越过分，最终狗会陷入恐惧与焦虑，它会觉得主人的行为不可预测且太过强硬。

掠食型攻击的特征是捕猎或潜伏姿势。这种攻击行为可能与其他类型的攻击行为有不同的动机，因为这种情况下狗一般不会发出警告（警告会帮助猎物逃脱）。这与狗与狗之间的攻击行为明显不同，后者会先发出警告以减少实际攻击行为。掠食型攻击可以针对任何生物，甚至可能针对无生命物体。

当狗的物理空间被侵犯时，会出现领地型攻击，一般会发出警告信号。这种攻击既会出现在家中，也可能出现在散步时，特别是当狗把主人也视为其领地的一部分，还将主人带往同一区域锻炼时。

占有型和保护型攻击行为通常会在狗感到自己的资源（如食物或者接近主人的机会）受到威胁时出现。狗会变得有保护欲，会想攻击与主人在街上交谈的人。这类攻击行为与支配型攻击相关，但更常与主人不一致的行为和不当奖励引发的恐惧反应相关。

恐惧引发的攻击行为以恐惧行为模式为标志，如耳朵和尾巴下垂，快速撕咬后撤退。这是动物的一种典型行为反应，当它们感觉受威胁或无法逃脱时，就会出现此类行为。

攻击行为如何分类？

攻击行为的分类依据是狗表现出的行为模式。其他因素，如性别、年龄、选择性繁殖和健康状况等，也会影响狗的攻击行为。

雌犬的攻击行为最可能出现在怀孕期、生产后或假孕期（伪妊娠）。在假孕期，雌犬甚至会攻击无生命物体。这是一种母性攻击，是雌犬在感知到自己的孩子受威胁时，为了保护它而采取的行动。有报道说，这种雌犬生育后的母性攻击会被虐待狗的人利用，他们将此状态下的雌犬当作斗犬，用幼犬刺激它们，好让雌犬展现最强的攻击力。

弗洛伊德认为，攻击行为与性冲动有关。事实上，动物之间的打斗可被视为与繁殖相关的动机驱动行为，因为大多数打斗都发生在同物种的雄性之间。一般来说，雄性比雌性更具有攻击性，这一定程度上是受激素的影响，但睾酮本身并不会直接引发攻击行为，它只是一种行为促进剂。越来越多的未绝育的雄犬和已绝育的雌犬，因为攻击问题而被送入训练机构。如果雌犬具有攻击性，一旦绝育，它们的攻击性会变得更强。这是因为绝育通常发生在社交成熟期，此时正是雌犬攻击行为显现的阶段。有研究表明，当雌性哺乳动物在子宫中与其他雄性个体共同发育时，受激素的影响，出生后可能"雄性化"，具有更强的攻击性。

攻击行为通常在性成熟期（6—12个月）开始显现，雄性和雌性皆如此。在此期间，攻击性既可能增强，也可能减弱。幼犬在16周之前的社交化不足可能导致其成年后具有攻击性，这是因为它们未能充分发展犬类的社会反应能力（如威胁和顺从行为）。

影响攻击行为的因素可能通过基因传递。具体而言，影响生长模式的基因会进一步调控力量特征，这一遗传机制在《1991年危险犬类法案》（Dangerous Dogs Act 1991）所针对的特定犬种身上已得到印证。攻击行为是否属于可遗传特征？学界对此未有定论，但表观遗传学研究发现了环境因素通过调控基因表达，进而影响动物与人类行为的作用路径。值得注意的是，近年来幼犬养殖场越来越多，大量缺乏社会化训练的常见犬种流入市场，这类狗欠缺环境刺激，社会化经验严重不足，更容易焦虑，而焦虑是攻击行为的主要诱因。这就说明，攻击性不能简单归因于犬种类型。不过，有证据显示，选择性育种可以人为强化外显攻击性特征，这类操作常被用于培育参与非法斗狗活动的斗犬。有研究表明，斗犬更能忍耐疼痛，这可能源于其脑化学变化或睾酮水平升高。虽然某些品种被认为更具攻击性，但应注意，这或许也反映了哪些品种是社区中最常见的犬种。例如，在澳大利亚的一项研究中，牧牛犬在攻击性排名中名次非常高，但这可能是因为当地牧牛犬数量较多。显然，遗传和环境因素共同决定了狗的攻击性水平。

健康状况可能是导致犬类攻击行为的原因之一，且通常与神经系统和激素系统密切相关。由无法治愈的疾病（如脑肿瘤和狂犬病）引起的攻击行为，无法通过行为矫正治疗。没有单一的生物学或心理学系统能够完全控制攻击性，实验证据表明，大脑中存在多种神经系统的机制以调节不同类型的攻击行为。

许多心理学研究者一致认为，不存在所谓"攻击中心"。影响攻击强度的因素包括感官信息、相关外部刺激的存在以及过往经验。多种激素和神经递质参与行为调控，如压力激素皮质醇的释放。这在多项动物福祉研究中被提及，还被视为衡量动物压力更准确的指标。一旦建立了皮质醇水平的基线，并将其与环境中诱发压力的刺激配对，任何环境变化都可以与皮质醇水平相关联，成为压力和福祉的指标。

什么是应激？

应激最初被描述为针对身体任何需求的一种非特定反应。"应激"一词如今在日常生活中被滥用。20 世纪 30 年代以来，心理学和行为学研究领域用"良性应激"（eustress）和"不良应激"（distress）来更准确地描述可控和不可控的应激反应。然而，对于包括人类在内的所有哺乳动物的各种应激反应，看起来并没有一个普遍认可的定义。达成统一定义的一个难点是，从心理学角度来看，应激在不同哺乳动物之间以及同一种类内部都可能是主观的。在研究中，应激时的激素（如皮质醇）水平为狗所经历的状况提供了客观的评价指标。

中枢神经系统与应激反应

下丘脑是神经系统的重要组成部分，与内分泌系统共同控制身体的内部状态。下丘脑控制垂体激素的释放，这些激素随后充当了信使。尼尔·R. 卡尔森（Neil R. Carlson）1998 年指出，愤怒和攻击的情绪源自下丘脑，尽管这些情绪都可以被抑制。研究证据表明，如果幼犬未能充分社会化，其大脑就可能无法在感官输入与情绪抑制中心之间建立联系。结果是，幼犬长大后，其神经可塑性和适应能力也会受限。

应激反应始于中枢神经系统，表现为对威胁体内平衡（即维持内部平衡）事物的一种感知。它对生命至关重要，并非一定要避免。但不良应激被认为是令人厌恶的，与恐惧的情绪反应相关，例如狗因为害怕而僵在原地。长期的应激状态不利于身心幸福，因为哺乳动物感知到的可控性对皮质醇的释放有重要影响，而应激会引发焦虑。

动物承受长期或不可控的应激后，会发展出与人类相似的疾病，血液中的皮质醇水平会升高。慢性生理压力也通过糖皮质激素（类固醇激素群，皮质醇是其中之一）的增加体现出来。

狗拥有成对的肾上腺，位于每侧肾脏内侧的前部。每个肾上腺由两部分组成，即外层的皮质和内层的髓质，它们分别合成不同的激素。髓质产生肾上腺素（epinephrine），这是一种应急激素，能为狗在"战斗或逃跑"情境中的生理反应作准备；皮质则以极小的量生成类固醇激素，这些激素对应激反应同样至关重要。

肾上腺响应中枢神经系统的信号，并将信息传递至下丘脑。下丘脑随后产生激素，这些激素传递至垂体，再到达肾上腺。在狗体内，最主要的糖皮质激素——皮质醇被释放。糖皮质激素的功能是为身体活动作准备，例如，从合成代谢（构建）转向分解代谢（分解），同时抑制所有非必要过程。无论是急性应激还是慢性应激，都会将资源从基本生物功能中转移出来，这就是为什么过长的应激状态被认为影响身心健康。家庭环境中有太多变量，很难获得准确的应激反应数据，必须将激素测量与行为评估结合起来。这就意味着，我们可以将狗的行为表现（行为）与狗的感受（激素）关联在一起。

回归行为本身

狗的行为会因所处环境或陪伴对象的不同而有所变化，这种情况下，我们如何确保对其行为的解读是准确的，并且所有人讨论的是同一件事？在科学领域，为了解决这一问题，可以将狗的行为与一种被称为"行为谱"（ethogram）的专业图表（见表5.1）作对比。这类工具为研究人员提供了识别狗的行为模式的参考点。

如果没有行为谱作为基准，狗的行为就没有办法量化，也无法评估行为矫正的有用程度。

根据行为谱，反常行为可以被视为由不当关联学习、操作性条件反射、疾病引发的行为模式，不属于狗的典型行为。值得注意的是，一只狗可能会转圈舔自己的屁股，这种行为出现在行为谱中时，会被视为一种梳毛行为，但如果这只狗反复出现同一行为，长达数分钟，有时甚至持续数小时或数天，就会被视为反常行为。一些狗的行为总体上是典型行为，但如果频率过高，或者触发该类行为的刺激物是异常的，也可能被视为反常行为，这是狗有潜在身心健康问题的信号。最好根据具体情况，单独评估每只狗。

在考虑狗的行为变化时，第一步始终是由兽医进行健康检查，以排除需要用药物干预治疗的疾病。这是至关重要的一步。训练和 / 或行为矫正并不是解决所有反常行为的万能药，确定行为变化的根本原因非常重要。想要达成这一点，一般要从收集狗的主人提供的信息开始。

表 5.1　犬类行为谱

行　　为		描　　述
耳朵姿态	竖直	耳廓尖端高于头顶
	下垂	耳廓尖端指向头的后方
尾巴姿态	夹尾	尾巴完全收拢于后肢之间
	自然下垂	尾巴松弛地垂在屁股后方
	旗状竖立	尾巴垂直上举，末端可能微卷，可伴有摆动
尾巴的运动	摆动中	尾巴向任意方向摆动

行 为		描 述
头的姿态	昂首	头高于脊背
	平视	头与脊背一样高
	低垂	头低于脊背
身体姿态	站立	四足承重,身体是静止的向上姿态
	坐姿	后肢膝关节与跗关节间关节面承重,身体是向上姿态
	俯卧	躯体腹侧或侧面接触支撑面
动作	行走	至少单足持续接触地面的移动模式
	奔跑	四足交替离地的快速平滑移动
	跳跃	前肢或四肢同时离地的爆发性动作
社交距离	接近熟悉目标	头部(鼻部)朝向熟悉个体(人/犬/玩具)
	接近陌生目标	头部(鼻部)朝向陌生个体(人/犬/玩具)
发声类型	吠叫	短促爆发式声响(大于 60 分贝)
	低吼	喉部震颤发出的对抗性声响(基频为 20—200 赫兹)
	呜咽	高频(大于 800 赫兹)或柔和的哀鸣声
排泄	排尿	尿液经尿道排出的生理过程
	排便	粪便经肛门排出的生理过程

以下案例研究都是虚构的,其内容由动物行为咨询师 25 年来教育研究与实践工作中接触的数百个典型案例提炼而成。文中所有客户与狗的姓名、商业机构、地理位置、事件场景及具体情节均经过艺术加工,与现

实中的狗、个人（无论存殁）或真实事件如有雷同，纯属巧合。

案例一

名字：莎莉

品种：迷你腊肠犬（Miniature Dachshund）

颜色：黑色和黄褐色

性别：雌性（已绝育）

年龄：两岁

主人用自己的语言描述狗的情况和存在的问题：

莎莉非常黏我，我们做什么都一起，总是一起玩。它喜欢仰面躺着，让我挠它肚子，但是它不让杰克（我未婚夫）靠近它。我们都很爱它，我只让它单独和杰克待过一次（我们刚开始养莎莉的时候，我必须调整工作时间才能跟它相伴），那时相处得还可以，会一起出去散步。事实上，杰克还从车底下救了莎莉！我们已经养了莎莉六个月，据我们所知，它只有过一位男主人，是一个住在北威尔士的饲养员。莎莉不停地流产，所以那个男人抛弃了它。我们从一个狗狗慈善组织领养了它，它最开始和一只哈巴法斗混种犬住在一个狗窝里，之后被单独放在慈善机构办公室里——我猜是因为这样对它最好。

我和杰克从未养过狗。有了这间公寓之后，我们觉得养只狗是个好主意，既然我们在一两年里不准备生孩子。杰克从小到大养过四只猫，我养过兔子，还短暂地养过雪貂，所以我俩都觉得养小型狗或玩具狗挺好的，适合我们的生活。

主要问题是莎莉越来越嫉妒和害怕杰克。它会一直对着杰克叫。我和莎莉能玩很长时间，但是杰克不行，因为莎莉真的不喜欢他。刚开始还好，随着时间推移情况越来越糟，杰克现在根本不能跟它玩，甚至不能看它。每次杰克一看莎莉，它就开始颤抖；如果杰克进了房间，它就会跑到桌子底下；如果他走向桌子，它就会吓得拉大便，粪便都非常稀，很难捡起来。

我们带它去看了兽医，想要确定它是不是生病了，兽医说它没问题。莎莉还做了血检，也没有任何问题。兽医让我们联系你，但我们联系你之后情况更糟了，因为莎莉开始留意杰克的车。他还没进门，莎莉就冲到前门狂叫，邻居们也开始抱怨。我试着解释发生了什么和为什么，但我觉得他们认为是杰克对莎莉做了坏事，才让莎莉如此紧张，可他什么都没做，他甚至不能靠近它！有天早上莎莉在厨房，我们在门口，杰克过来跟我吻别，莎莉就开始低声吼叫，还在厨房料理台下面撒了泡尿，要知道，它刚刚从花园里回来！它现在甚至讨厌和他一起出门散步！他真的没做任何伤害它的事情，我向你保证！

这一切都让人难过，因为我不想又让它去某个新家。你能帮帮我们吗？

——维多利亚

类型：占有型和（或）防护型和（或）恐惧驱动性攻击

从狗的角度作出的解释：

莎莉极有可能经历了一个不充分的社会化阶段（缺乏社会学习）。如果它在一个常规的幼犬农场长大，它就不可能在家养环境中生活过很长时间。

莎莉很可能被饲养员粗暴对待过，虽然它刚开始待在杰克身边时是舒服的，但当杰克把它抱离车底时，它会再次将男性和痛苦场景联系在一起（经典条件反射）。莎莉可能也意识到杰克的存在意味着它会"失去"自己最在乎的主人（维多利亚），因为杰克和维多利亚一起出现时，它得到的关注会变少（消极惩罚）。

莎莉可能也学习到它的行为是正确反应。因为每次它这样做，都能得到想要的，比如杰克一走开，莎莉一定会得到维多利亚的安慰或关注（"杰克消失"这样的消极强化，与"维多利亚的关注"这样的积极强化同时出现，是互相矛盾的），它使莎莉学习到这样做是正确的行为反应。

案例二

名字：艾斯

品种：凯恩梗（Cairn Terrier）

颜色：小麦色

性别：雄性（已绝育）

年龄：四岁

主人用自己的语言描述狗的情况和存在的

问题:

艾斯是一只完美的狗。我们是在圣诞节时得到它的,到现在已经六个月,没有比这更让人开心的事! 我们带艾斯出门散步时,它从未给我们惹过麻烦。你叫它时它总是会回来,它浑身上下没有一点坏毛病。我们的朋友和家人来家里时,他们也放心地让艾斯和孩子们一起玩。直到上周为止,我从来没听过它吼叫。

随着夜晚变长,我们想晚一点带它出去散步,我们都喜欢散步。在一个周末,我们六点左右带它去海滩走了很久。大约七点,季节性的夏日烟火秀开始了,而艾斯发疯了! 它用牵绳拽我,发出奇怪的声音,就像待在热锅上一样上蹿下跳。人们开始看向我,我太太焦虑地看着我,不知所措。我不能接受这种行为,我告诉艾斯:"艾斯,停!"(我知道当狗开始胡闹时必须控制它,这是我从军队生活中学到的。)我猛拉了一下牵绳,让它知道我是认真的。我必须承认,它开始对我低吼时,我很吃惊。我放开牵绳后,它冲到了悬崖顶上,幸好它去到路的一侧而不是悬崖边,不然它就死了。

有一辆车撞到了艾斯，但车开得很慢，兽医说不然情况会糟很多。它身上只有淤青，现在也好多了。在兽医诊所，门诊医生建议我在夏天那六个有烟火秀的周五晚上给艾斯吃点药（也是他们给了我你的电话号码），我太太不大愿意让艾斯吃药，所以她从一个药草剂师朋友那里拿了一些按摩油和草药片。之后的星期五，每次放烟火时，艾斯有任何紧张的征兆，我太太就会揉搓它一番，看起来有点用。上周五我太太要去见她摔倒受伤的母亲，只有我和艾斯在一起，我想最好让它试一试适应有烟火的场景，所以下午六点半我把它带下楼，让它有点时间适应。七点开始放烟火时，我已经作好准备。这次它比以往任何时候都糟糕，上蹿下跳，还翻跟头，我只能离开。

我跟太太说了这一切，我俩都不知如何是好，所以需要一些帮助，任何帮助我们都会非常感激。或许你可以给我们一些建议，因为看起来艾斯过一阵就会这样爆发一次。

——威尔夫

类型：特殊噪声焦虑

从狗的角度作出的解释：

艾斯是只搜救犬，我们对它之前的经历知之甚少。有可能它不习惯放烟火这种有自发噪声的环境，把噪声和主人的消极行为联系了起来（噪声和威尔夫的"控制"行为关联起来，这是一种经典条件反射），主人可能无意间让艾斯觉得吼叫的反应是恰当的。当这种刺激在下一周再次以烟火的形式出现时，艾斯已经建立上述联系，认为结果会是一样的，它预计会发生那样的对抗并为此作好准备。它的焦虑证明了这一点（经典条件反射）。

威尔夫的太太也奖励了这种焦虑。艾斯恐惧时她给予关注，无意间奖励（积极强化）了艾斯的不合适的行为。

案例三

名字：迪昂泰

品种：罗威纳犬（Rottweiler）

颜色：黑色

性别：雄性（未绝育）

年龄：三岁

主人用自己的语言描述狗的情况和存在的问题：

迪昂泰真的让我妈妈很紧张，因为迪昂泰不大喜欢我妈妈。我已经自己养迪昂泰很久了，自从我妈妈每天来帮我照顾孩子（我有个小女儿，下个月要去上学，小儿子跟迪昂泰一样，只有三岁），迪昂泰开始变得调皮。它开始在房子里排泄，本来它一直在外面尿尿的，但有次我们都在花园里时，它跑进屋里拉了泡屎。我一点没有责怪它，但当我妈妈对它大叫，让它出来时，它很生气。我妈按住它的头，让它用鼻子擦粪便。它体形很大，我妈又腾不开手（当时抱着我儿子），粪便被弄得到处都是。迪昂泰现在还是会在房子里面拉屎，我觉得这就是我妈妈不喜欢它的原因。

在这之后，我妈妈走动时迪昂泰总是想爬到她身上去。她坐在沙发上就没事，但她一去抱某个孩子，迪昂泰就扑到她脸上，吼叫声大到我都能感觉到振动。所以我妈妈现在很担心，我也注意到她不大来我家了。她说是因为当我们都坐在起居室里时，她不得不坐在地上（那是个很小的起居室），但是她之前都不在意，当时我男朋友还住在起居室里呢。

迪昂泰是我的狗，但也不全是。我男朋友晚上上班，在一个拆车厂做保安。在有女儿之前我俩都想养只狗，而我朋友罗蒂正好有只小狗，这是一举两得。我男朋友晚上会带迪昂泰一起上班，白天他睡觉时迪昂泰可以陪我，但他现在离开了我和孩子。也不是说我不想让他留下迪昂泰，只是我觉得没法既遛狗又照顾孩子，现在我妈妈也帮不上忙。我试过带孩子出门散步时把迪昂泰拴在婴儿车上，但它拽绳子拽得太厉害了，我控制不了它。所以，昨天它爆发时，我已经一周没遛过它了。我一直忙着孩子的事，我猜它是精力过剩。

我妈妈昨天来了，我必须承认我俩之前有过争执，因为我说了我多么需要她，她至少可以过来照看孩子，我就能带迪昂泰在周边走一走。她却开始吼我，说她要自己带孩子出门。迪昂泰开始转圈圈，不是追自己屁股，而是不停推孩子们，把孩子们推到一起，然后绕着他们转圈。有时候我觉得，迪昂泰的行为方式会让孩子们以为自己是迪昂泰的幼崽，他们只是没察觉到。之后我妈妈去抱我儿子，迪昂泰又吼起来，对她露出所有前齿。从没见过它这样做！当时我妈妈只能后退，接着迪昂泰的表情就正常了，真的很奇怪。它一直转圈圈，后来我去抱儿子，它也没反应。看见我这么做有用之后，我妈妈去抱我女儿，迪昂泰此时却真的发怒了。我从没见过它后背的毛竖起来的样子，我妈妈吓得脸色惨白。她跟我说，只要我留着这只狗，她就没法来帮我。

我不确定要怎么办，因为我真的非常爱迪昂泰，迪昂泰就像我自己的孩子，但我没法这样继续下去了。

——贝拉

类型：保护型攻击和领地型攻击

从狗的角度作出的解释：

迪昂泰已经知道保护孩子是一个恰当的行为，很可能它因此被奖励过（积极强化过），奖励方式或许是言语夸奖，作为训练的一部分。尽管它的男性主人这样做是出于好意，但考虑到健康和安全问题，以及对孩子可能会产生风险，这样做是不负责任的。由于体形的差异、家里空间的限制和明显可能产生的误解，这尤其令人担心。

迪昂泰对孩子的保护行为可能是源于，它认为贝拉的妈妈对孩子来说是一种威胁。她抱着贝拉的小儿子时，它展现的攻击行为具有一定的保护性质。

案例四

名字：未知

品种：未知

颜色：棕褐色

性别：雄性（未绝育）

年龄：未知

主人用自己的语言描述狗的情况和存在的问题：

我们非常认真地对待自己的慈善责任。即使在西班牙度假时，我们也会去狗狗收容所，给我们认为最需要帮助的地方捐款。我们真的很喜欢帮助"外来宠物组织"（EXPATPETS）[1]，因为它真的很用心，收容所非常整洁，里面的狗看起来状况也非常好。总之，我们在那里见到了两兄弟——两只狗，它们是走失的宠物，很瘦，但体形非常大，它们的爪子跟我的手一样大。它们和我们在北部落基山脉旅游时见过的狗很像。虽然状况很差，但它们毫不畏惧，是那种放在《权力的游戏》中也不会突兀的狗。

说爱上了这两只狗都不足以形容我们对它们的感情，我伴侣说我们绝不能不带它们离开西班牙。我们知道外来宠物组织会好好照顾它们，让它们恢复健康，所以我们放心地先回家作准备。我们向每个人介绍它们，把照片放在社交媒体上，对它们兴趣十足。我们所有的朋友都爱狗，我伴侣的姐姐是野生动物摄影师，她还希望在新森林（New Forest）[2]为他们拍摄照片。

我们现在接它们回家四天了，还没有给它们

---

[1] 一个帮助宠物在全世界范围内重新安家的国际组织。
[2] 位于英国南部地区，在人口聚集的西南英格兰保留着大量的无围栏牧场、低矮灌木丛和森林。

起名字（因为我们想先看看它们有什么样的性格），但事情并不顺利。我们意识到，我们不了解这两只狗过去经历了什么。带它们去附近的兽医那里登记时，我们甚至不知道它们多大，兽医不得不来我们的露营车看它们（因为它们太高大、敏捷了，没法给它们拴绳）。它们已经在西班牙做了各种检查，打过疫苗，但兽医担心它们的行为会朝糟糕的方向发展，所以建议我们联系你。问题是这两只狗好像只能看见彼此，第一天我们带它们在家里逛，好让它们习惯。它们大多数时间都待在我们的床上或者花园里。第二天，很明显我们低估了它们的食量，因为感觉根本填不饱它们。我又一次给它们分了六块鸡胸肉，我把剩下的拿走时，它们就发怒了。

昨天我们以为已经给了它们充足的时间安顿下来，所以邀请我伴侣的姐姐（野生动物摄影师）和她的朋友来家里玩，我们准备按照要求重新介绍彼此。我们请客人坐下，然后让狗狗们进来。客人坐在沙发上，两只狗一进来就朝着她们低吼，真的非常可怕，它们发怒时看起来完全不一样了，体型似乎比之前更大。让人震惊的是，它们的尾巴竖得那么高，耳朵和背后的毛也竖起来了，看都不看我一眼就呲着牙齿奔向客人（就好像它俩已经商量好了）。我伴侣的姐姐跳起来转身逃走，狗飞快地咬了她大腿后侧；她朋友伸出了手，所以手的一侧被咬得很严重。尽管我们不断呵斥它们，但两只狗一直攻击这两个女孩，咬了好多次，就是不肯停下来。好在我和伴侣够强壮，把它们拖走了，我俩也在这个过程中被咬了（伴侣脸上有印子）。

说实话，这是我人生中最可怕的经历，我们都吓得颤抖。沙发和地毯上都有血迹，我们只好把两只狗留在花园里。昨晚我们把食物放在厨房外，把后门开着，这样它们可以进厨房里休息。今天它俩表现得好像什么事都没发生过。

我们非常抱歉客人被咬了，现在我们也不知道该拿这两只狗怎么办。我们真的需要一些帮助。

——埃里克

类型：自信型攻击 / 领地型攻击

从狗的角度作出的解释：

两只狗的自信型攻击行为可能说明它们学到的是，在大多数它们所处的环境中，这种不加区分的攻击行为是必要的。最保守的解释是，它们知道这样的行为能得到想要的结果——对野狗来说，最有可能的结果是，这会赶走威胁到它们的人（消极强化）。如果两只狗将女孩们视为威胁，就很可能这样做。就像第一章中解释过的，攻击行为的原因是多重的，猜测某个特定原因毫无意义。

第六章　治疗和预防狗的异常行为

如何运用心理学学习理论帮助治疗狗的异常行为呢？如果一只狗已经学会用特定行为获得某种奖励，我们可以改变给予奖励的频率，借此改变狗的行为。心理学中有很多不同的方法可以使用：

- 脱敏（desensitisation）。这是一个削弱联系的过程，使狗逐渐暴露在先前会引发不受欢迎行为的刺激下，减少此类行为。比如，案例一中莎莉需要对杰克的存在脱敏。

- 对抗性条件反射（counter-conditioning）。这个方法是教给动物一个与不受欢迎行为冲突的替代行为。举例来说，案例一中的莎莉一旦完成脱敏，就需要建立对抗性条件反射，奖励莎莉和杰克的任何自发互动行为（不论多么小）。

- 消退（extinction）。指由于各种强化（奖励）的取消，一种行为模式随着时间的推移而减少。

- 习惯化（habituation）。指重复呈现一种刺激，直到该刺激不再引发某种行为。这种刺激必须是新颖的。

- 奖励（rewards，亦称"奖赏"）。从已经历社会化的狗的视角，奖励意味着任何形式的关注（包括食物），它们都是对行为的一种认可，如任何口头的、身体上的关注（包括各种场合的眼神接触）。这些可能增加狗重复某个主人喜欢的行为的可能性。

- 冲击疗法（flooding，亦称"满灌疗法"）。让狗立刻且无法真正逃脱地面对最可怕的情景。例如，案例二中威尔夫带艾斯去看各种烟火秀，这不是个好主意，可能影响狗的身心健康。

如何使用奖励和惩罚？

一个负责任的动物行为咨询师会建议，在行为纠正中使用积极强化技术，因为使用惩罚手段会引发焦虑，在训练狗时不仅可能适得其反，而且存在潜在的身心健康问题。例如，在案例三中，贝拉的妈妈把迪昂泰的鼻子按在它的屎里蹭。惩罚包括身体惩罚以及口头训斥、恶作剧、突发噪声（包括大叫）、喷水、索套项圈或狗链、电击项圈或香茅喷雾项圈。如果狗想要做某件事但因此受到惩罚，之后狗虽然可能不会再这么做，但其内在动机仍持续存在，还会焦虑于这样做会有什么后果。因此，管理动机并用奖励引发改变，始终更具实践价值。

在进行所有行为矫正前，都需要先由兽医排除健康问题，动物福利机构可以为有经济困难的家庭提供医疗补助。主人需要注意，疼痛可能诱发狗的本能防御反应，所以我们建议为狗购买保险（会包含注册动物行为咨询师的咨询费用）。狗的异常行为通常由多种原因导致，很少只涉及一个问题。对于多数异常行为，针对主人的非对抗性行为矫正方案都是有效的。辅助方法包括以下四种。

丰容技术

丰容技术（enrichment techniques）是指给狗一些东西或提供一些活动，让它们忙起来，以此改善它们的处境。这些东西或活动本身是奖励性的，例如零食咀嚼玩具、填充了食物的中空骨头、推滚式间歇投食器等。它们既能提供精神刺激，又能让狗不断独立探索，这样就不用依赖主人的关注了。对于焦虑型的狗，这些可以帮助它们放松；对于很活泼的狗，还可以转移注意力。请留意，不能强迫狗玩这些玩具或者参与活动，这会适得其反，让狗有挫败感。需要根据狗的性格，判断它适合玩什么。

有一些活动不需要特殊设备，如四处散放食物、提供冷冻零食和咀嚼玩具，也可以玩训练游戏等。一些主人选择将不同的酱和涂料涂抹在现有的玩具上，也能让狗重燃兴趣。对于比较懒或年龄大的狗，可以将零食藏在家中的角落，让它们意外发现，激发探索欲。任何需要狗动动脑子的结构化活动，例如散步时玩寻找食物的游戏，都属于有效的让环境更丰富的丰容技术。

用奖励来强化

主人可以使用奖励来强化狗的正确行为，这会使狗与主人之间的关系发生变化。不需要肢体控制或攻击，也会让狗明白，主人是掌控者，要接受主人的引导。当狗意识到环境是可预测的，不需要费太大劲就能获得奖励，就会变得更平静、放松。主人要掌握资源的分配权，例如分配食物、玩具和自己的关注力，在自家狗完成指令（如"坐下"）后再给予奖励。要特别重视"主人的关注"这种奖励，它对狗来说极具价值，即使是简单的眼神接触也颇具意义。

主人可以强化自己期望的行为，忽略不良行为，借此增加狗的好习惯和减少坏习惯。但不要突然改变互动方式，这可能让狗很困惑，出现一系列之前没见过的行为，建议在动物行为咨询师的指导下逐步调整。

基础训练指导

想要训练自己的狗并因此打电话给动物行为咨询师的情况并不少见，但未经训练的幼犬并不需要行为纠正，基本训练对它们就会有益处。因此，建议寻找使用奖励训练法的狗类训练师或俱乐部。主人和狗在训练中感觉舒服和放松很重要，否则训练会变得气氛紧张，最终适得其反。

口罩适应性训练

为了确保安全，正确使用口罩是养狗时要关注的关键环节。所有的狗待在儿童和易受伤害的成年人身边时，都应该戴上口罩。如果训练得当，这不会影响狗的身心健康。推荐使用篮式透气口罩，也建议准备一个备用品。合适佩戴的话，狗应该还能喝水，主人或训练师能通过口罩喂零食，狗也能吠叫和喘气，能舒服地进行各种正常活动。口罩能防止狗出现各种攻击行为，也不会对狗造成任何伤害。戴上口罩的狗会被认为没那么危险，不会让人有防御性反应（矛盾的是，这经常会让狗想要更多的互动）。

主人需要严格遵守穿戴指南，因为如果使狗不舒服或者穿戴得不对，狗会不愿意戴它。主人要确保不会突然或强迫、跟狗对抗着让它戴上。最好是备在身边（不是给狗玩，而是要让它们熟悉且习惯这个东西），如果狗自愿走向它或者表现出兴趣，就奖励它。主人可以循序渐进地创建口罩和狗的联系，先把口罩放在狗脸旁一秒，然后碰鼻子一秒，之后再增加一秒，同时不断给予奖励。要在一切进行得很顺利，想要跟狗有更多互动时拿开它，而不是等到狗开始烦了的时候才拿走。慢慢地增加口罩在狗的口鼻处停留的时间，当狗戴着它且很放松时，要给予奖励。如果狗试图取下它，就要重回上个步骤，重复这个适应的过程。主人要在狗戴上口鼻罩时，而不是脱下来时给予奖励。

要注意的是，当戴着口罩的自家狗遇到一只有攻击行为障碍的狗时，它是不能自卫的。狗去掉牵绳自由活动时，必须有足够的照管和唤回训练。如果狗曾经表现出任何攻击行为，就决不能无人照管，尤其是身处有孩子或其他易受伤害的成年人的环境中时，即便戴着口罩也不行。请牢记：不管平时如何，在有孩子和易受伤害的成年人在场时，狗都应该远离人，或者戴上口罩，同时要有成年人照管。

第五章案例的具体疗法与注意事项

以行为纠正项目形式出现的治疗方案，只能在同主人、家中其他人以及和狗有关系的人进行长时间的咨询后给出。大多数情况下，可以在狗通常生活的环境中，以及在被牵着散步或者无绳活动时观察它。主要治疗方案针对重要的、通常是最明显的问题，但如果不同时或随后实施案例一至四中采用的二级治疗，则往往不会那么有效。案例是虚构的，这些治疗只是一种考量，并没有实施。

案例一

主要治疗方案：从杰克让莎莉最不感觉受威胁的时刻开始，让莎莉对杰克的存在脱敏。为达到这一目的，要在莎莉一切行为正常，没有表现出任何焦虑时，请维多利亚给莎莉一些奖励。在和杰克保持一定距离时，如果莎莉能完全放松下来，对杰克的存在没有反应（脱敏），就可以开始缩短这一距离。维多利亚可以继续奖励莎莉；杰克不仅要注意自己同莎莉的物理距离，而且要注意他的姿势对莎莉没有威胁性或者并不像要与其交流，这样对莎莉来说，杰克存在与否是没有区别的。一旦莎莉认为杰克不具威胁性，它就会得到奖励并被鼓励同杰克互动，建立对抗性条件反射。

二级治疗：采用丰容技术，让莎莉减少对屋内人类的关注，包括使用已列在上文"丰容技术"中的任何一种工具。同时，用奖励来强化想要的行为，让莎莉更方便预测杰克和维多利亚会怎么和它互动，也让它对两个主人的感受逐渐平衡。

案例二

主要治疗方案：艾斯的噪声恐惧症源自恐惧，让它对使其紧张的声音脱敏应该会有帮助。主人可以使用有艾斯不喜欢的放烟火声音的录音，帮助艾斯对这些声音脱敏（它的害怕有可能跟时间相关，因为傍晚时分人群聚集，气味更浓重）。第一次实施脱敏治疗时，主人应该把录音声音尽量调低。请记住，狗的听觉范围比人类广，所以有可能主人听不到，但艾斯能听到，主人根据艾斯的表现调整音量至关重要。在使声音尽可能低的同时，主人要维持日常活动，如果艾斯没有任何异常反应，就不时地给它一些零食。每次这样做时，都可以把声音调大一点（慢慢地），只要艾斯（以及其他狗）表现正常，就接着这样做。如果艾斯开始焦虑，就需要降低音量，回到上一个步骤。主人应该坚持这么做，直到声音很高时艾斯也不会焦虑。如果有意料外的放烟火或雷暴发生，主人要忽略艾斯寻求关注的行为，不奖励任何恐惧的表现这一点很重要，否则会增加艾斯的焦虑。

二级治疗：通过回忆训练、用奖励来强化，使主人学会不用控制的方式同艾斯互动，例如不大声吼或者使用暴力，艾斯会认为那是一种惩罚。

案例三

鉴于迪昂泰的体形和出现的行为问题，亦考虑到让它恢复正常需要做大量工作，在不隐藏它的行为问题的前提下为它找一个新家应该是可行的。由于《1991年危险犬类法案》中特别提到了这一品种的狗，有些专业人士会认为，对迪昂泰实施安乐死也是一个选项。贝拉可以考虑的临时方案有：把迪昂泰送到短期寄养所、私人犬类看护所或者动物慈善机构。

案例四

虽然这些狗看起来像超大型的德国牧羊犬，但有可能它们是狼狗的杂交品种，如狼同德国牧羊犬、西伯利亚哈士奇或阿拉斯加雪橇犬混种繁殖的后代。狼狗杂交可能自然发生（通常是发情期的雌犬因失误或者有意地同一只公狼交配），这通过基因检测可以确定。这种情况更可能在美国出现，因为那里有大量非家养的犬类，它们的领地会与一些家养狗重合。不论基因先决条件如何，这些西班牙流浪狗都不能被治疗，因为它们的攻击行为很严重，是其行为模式中固有的反应，极有可能重复出现。医院人员、警察和兽医会认为，安乐死是处理这两只狗的合适方式。

预防狗的异常行为

预防狗的异常行为的关键是，要增加幼犬的社会化程度和做有效的训练。16周龄前是幼犬社会化的关键时期，此时无论经历之事是好是坏，都会给它们留下深刻的记忆。理想情况是，它们应该体验往后日常生活中可能经历的所有事情。例如，如果一只小狗出生在户外或者乡村环境中，它就应该逐渐熟悉家养和城市环境中的景象和声音，如洗衣机运转声、吸尘器发出的噪声、道路上卡车驶过的声音等。主人要保证，自家小狗不会因为害怕新环境而得到安抚和奖励，这会强化其行为。

为了避免幼犬长大后会过度害怕或者出现恐惧症，主人还应该让它们在不同环境下与各种人交往。日常护理训练尤为重要，包括定期模仿兽医为它们做检查，如检查口腔、清洁牙齿、护理耳朵和眼睛等。带自家小狗去诊所驱虫时，可以顺便给它称称体重，这是一种无压力的体验，不会让小狗将去诊所和不愉快联系起来。在诊所中，如果小狗保持平静，主人可以奖励它。要适度进行社会化训练，重点强化不焦虑的行为表现。

16 周龄前还是培养幼犬良好社交能力的黄金时期。我们会建议主人重点奖励自家小狗与其他人的温和互动，而不是只在正式训练时才奖励它，这会使它长大后依旧性情稳定。不能使用吼叫、拍打鼻子、挥舞报纸卷吓唬它、扔石子、喷水或训练项圈等惩罚手段，这些行为可能让小狗长大后患上焦虑症。

日常训练比较适合采用短时高频模式，如每天进行多次 5 分钟训练，就比单周单次 1 小时训练效果好。在训练时，主人不应该上手帮自家小狗摆出它们被要求的姿势，而应该使用零食，一旦它们姿势正确就立刻奖励，这样它们就知道自己做对了。对于大多数狗，奖励一开始都以食物为主，渐渐地可以变成给它一个玩具或和它玩游戏、一句"真乖"的夸赞，甚至是眼神交流，后者也是一种非常有用的奖励。

每只狗的学习能力有所不同，训练时要耐心地不断重复。如果奖励得当，训练的效率会大大提高。所以主人要准备好一系列确定好优先顺序的奖励物，可以准备一些零食袋，分别装上饼干、小份奶酪或小块它们最喜欢的肉，根据训练的难易程度给予奖励。

能忽略不合适行为当然更好，但主人没法这样做时，可以试着转移自家小狗的注意力，给它一个熟悉的指令，在它恰当回应后给予奖励；接着再给它一个能投入玩的玩具，如一个毛绒玩具或可以咬的东西，或者设计一个活动，这能防止它重复一开始的不合适行为。

出于健康和安全考虑，最重要的命令是"唤回"。第一次让自家狗脱离狗绳自由跑动时，几乎所有主人都觉得这有点吓人。他们要确保自家狗待在安全且相对有限制的地方后，再增加它们自由活动的时长和物理距离。我们建议主人在遛狗时就多练习系上和去掉狗绳，这种尝试不需要有明确目的。对主人来说，唤回训练的重点是，不论自家狗多久才回来，都要给它奖励。狗不会愿意回到一个愤怒或会惩罚它的主人身边，这样实际上是在训练狗不要回来！

如果唤回训练从家里和后花园开始，请使用确定好优先顺序的奖励物，训练时间从1分钟到10分钟不等，这样成功将狗唤回来的可能性就很大。使用确定好优先顺序的奖励物会让主人的命令更容易执行，例如可以用自家狗最喜欢的零食作为它完成特别难的唤回训练的奖励。去掉狗绳的训练只能在有限制的地方进行，如室内或者有护栏的花园，而且要等到牵绳时狗一直能可靠地回主人身边后再开始。

狗的很多行为对我们来说不讨人喜欢，但对它们来说是很正常的行为。主人需要管理自家小狗，让它们能保留正常行为，但不会影响其健康和安全。如果自家小狗喜欢咬东西，就提供各种受欢迎且安全的玩具和可以咬的东西，这样它们就不会咬家具了。在它们长到能被信任地独自玩耍之前，围栏和笼子短时间内可能有用，但关在里面容易使它们焦虑，进而出现异常行为。

家庭训练

家庭训练一般会随着幼犬长大而变得容易些，但主人应该尽早开始。主人要找到一块他们希望自家小狗使用的户外区域，每天带它去几次，尤其是饭后。等到小狗开始在这片区域撒尿，主人要夸赞它。如果主人想要设定一个让小狗上厕所的指令，就应该在它撒尿和排便时使用这个指令。时间久了，两者就能建立联系，小狗就能在收到指令后去上厕所了。

如果自家小狗来自乡间，习惯在锯末上撒尿，可以在想让它撒尿的户外区域撒上一些锯末。上厕所训练需要在户外用掉很多时间，所以夏天时领养一只小狗，从第一天就开始训练它在外面上厕所会容易很多。如果不能这样做，主人可以使用报纸，让小狗在报纸上排泄，再慢慢把报纸挪到离门近的地方，鼓励小狗出去。

让自家小狗适应独自待着，可以避免它过于黏人，同时不会在主人离开后紧张不安。让一些小狗知道自己无法预测主人要离开的行为，就能避免它们在主人离开前变得紧张不安，减少可能产生的分离焦虑。一只新来的小狗可能从来没有独自待着，主人可以试着逐渐增长它独处的时间。从几分钟开始，增加到一小时，之后再超过一小时。主人也可以一开始把它独自留在家中的一个房间里，同样从几分钟开始，逐渐增加时间。主人能把自家小狗独自留在家中的时长，会因狗的品种、脾气和主人家的生活习惯而不同。

主人不要做的事情主要是，在自家小狗寻求关注而不断叫时回到它身边。只要确定它是安全的，有食物和（或）水，刚上过厕所，就不要回应它寻求陪伴的叫声。如果回应，可能会使它习得此类行为，在长大后，就会变成不大让人喜欢的行为，例如在主人开车准备上班时，它呜呜叫着不愿意让主人离开。要让小狗明白，即使主人不在身边，也会有好事发生。主人离开前可以在玩具中或狗床上，放上安全的可以咬的东西或好吃的零食，这样小狗在主人不在时就有事可做，还会把主人的离开当成一件挺好的事。

　　主人要做的第一件事是，留意自己离开前会有哪些常规动作，尽量在白天和晚上随意地做这些动作，不让它们成为自家小狗察觉主人要离开的信号，这有助于切断主人准备离开和焦虑之间的联系。例如，主人可以在一天中好几次拿起外套和（或）钥匙、包，然后坐下喝杯咖啡或看电视。在这一过程中，要忽视小狗任何求关注的行为。同理，主人也可以混淆要离开的信号，使用要待在家里的信号，之后离开。例如，穿着睡衣和拖鞋出门。主人也不要说"再见"或其他话，告诉小狗自己要离开了。主人真正准备离开时，最好事先准备好，以便不留任何明显准备信号地直接离开。回到家后不要有夸张的重逢表现，试着忽视小狗，直到进门安顿好。当它平静下来，不再求关注时，要求它坐下来，然后打招呼。

　　很重要的一点是，主人要忽视小狗在自己回家时让人不悦的行为。狗是社会化程度高和聪慧的动物，比我们想象的更能解读主人的面部表情。很多人认为他们的狗"知道"自己做了错事，实则不然，那只是狗对主人的行为作出的应激反应，尤其是在所谓"错事"曾给它带来惩罚的情况下。所以，最佳方法是，忽视小狗所有之前没见过的行为，避免它以后复现不当行为。

第七章　如果我需要更多帮助，
　　　　　该怎么办？

我是狗的主人，需要有人帮我处理我家狗的行为问题，我应该去哪里寻求帮助？

第一，在没有咨询过犬类行为咨询师之前，不要尝试将本书中列举的犬类行为纠正步骤用到你的狗身上。第二，联系你的兽医，确保你家狗的行为变化不是生理原因造成的。第三，只在有资质的犬类行为咨询师的指导下纠正某类行为问题。

要做的是：

∨ 联系你的兽医，确认你的狗身体健康。

∨ 确认你的狗有保险。

√ 如果是攻击行为，保证你的狗进行过口罩训练。

√ 询问你的保险公司推荐你去找谁。

√ 联系宠物行为咨询师协会（Association for Pet Behaviour Counsellors，简称 APBC)。

√ 联系当地采用奖励机制的驯狗师。

不要做的是：

× 假设你的狗有行为问题。要先请兽医检查你的狗是否有健康问题。

× 自己将本书作为解决狗的行为问题的实战手册。

我在学习动物行为学，想要成为一名犬类行为咨询师，我应该去哪里寻求建议和指导？

宠物行为咨询师协会会为想要在英国成为宠物行为咨询师的人提供建议。

要做的是：

√ 联系当地宠物行为咨询师协会的咨询师，或者兽医和驯狗师，观察狗和主人互动的过程，从中尽可能多地获取经验。

√ 阅读《人类与动物学》(*Anthrozoos*)、《动物行为和动物行为应用科学》(*Animal Behaviour and Applied Animal Behaviour Science*)这类研究期刊。

√ 确保在同主人和他们的狗工作时，你自己有保险保障（即使你是个学生）。

√ 做风险评估，确保你已考虑同行为异常的狗合作时可能遇到的所有健康和安全问题（包含穿戴防护装备和保证自己打过的疫苗在有效期内）。

√ 确保你上的动物行为课程涵盖之后需要的所有内容和领域。

不要做的是：

✕ 认为这本书能让你拥有作为一个犬类行为咨询师所需的所有知识和技能。

延伸阅读

童年虐待动物的行为和成年后的暴力行为的关系：

Flynn, C. P. (2011). Examining the links between animal abuse and human violence. *Crime Law Social Change, 55*, 453—468.

对养宠物狗和遛狗之间关系的研究的评述：

Oka, K., Shibata, A. & Ishii, K. (2014). Association of dog ownership and dog walking with human physical activity. *Journal of Physical Fitness and Sports Medicine, 3*(3), 291—295.

对养宠物狗和身体锻炼活动之间关系的评述：

Christian, H. E., Westgarth, C., Bauman, A., Richards, E., Rhodes, R. E., Evenson, K. R., Mayer, J. A. & Thorpe Jr, R. J. (2013). Dog ownership and physical activity: A review of the evidence. *School of Nursing Faculty Publications*, Paper 9.

应激和行为：

Carlson, N. R. (1998). *Physiology of Behaviour*. Allyn and Bacon.

图书在版编目（CIP）数据

宠物狗爱好者心理学 / （英）特丽莎·巴洛
（Theresa Barlow），（英）克雷格·罗伯茨
（Craig Roberts）著；陈姝译. -- 上海：上海教育出
版社，2025.7. --（万物心理学书系）. -- ISBN 978-7-
5720-3161-8

Ⅰ. S829.2；B843.2
中国国家版本馆CIP数据核字第20242KG383号

The Psychology of Dog Ownership 1st Edition / By Theresa Barlow and Craig Roberts /
ISBN: 978-0-8153-6244-9

Copyright © 2019 Theresa Barlow and Craig Roberts

Authorised translation from the English language edition published by Routledge, a member of
the Taylor & Francis Group. All Rights Reserved.

本书原版由Taylor & Francis出版集团旗下Routledge出版公司出版，并经其授权翻译出版。
版权所有，侵权必究。

Shanghai Educational Publishing House is authorized to publish and distribute exclusively the
Chinese (Simplified Characters) language edition. This edition is authorized for sale throughout
Mainland of China. No part of the publication may be reproduced or distributed by any means, or
stored in a database or retrieval system, without the prior written permission of the publisher.

本书中文简体翻译版授权由上海教育出版社独家出版并限在中国大陆地区销售。未经出
版者书面许可，不得以任何方式复制或发行本书的任何部分。

Copies of this book sold without a Taylor & Francis sticker on the cover are unauthorized and
illegal.

本书贴有Taylor & Francis公司防伪标签，无标签者不得销售。

上海市版权局著作权合同登记号 图字09-2024-0826号

责任编辑　金亚静　林　婷
整体设计　施雅文

宠物狗爱好者心理学
（英）特丽莎·巴洛（Theresa Barlow）
（英）克雷格·罗伯茨（Craig Roberts）著
陈姝　　译

出版发行　上海教育出版社有限公司
官　　网　www.seph.com.cn
地　　址　上海市闵行区号景路159弄C座
邮　　编　201101
印　　刷　上海展强印刷有限公司
开　　本　787×1092　1/32　印张 4
字　　数　62千字
版　　次　2025年7月第1版
印　　次　2025年7月第1次印刷
书　　号　ISBN 978-7-5720-3161-8/B·0080
定　　价　48.00 元

如发现质量问题，读者可向本社调换　电话：021-64373213